坦克驾驶教练车设计概论

张进秋　刘义乐　刘峻岩　等编著

国防工业出版社
·北京·

内 容 简 介

本书以驾驶行为特性为出发点，围绕感知、决策、操作三类驾驶行为，规划了坦克驾驶教练车功能需求，提出了相似性、集成化、智能化的设计原则。基于相似性原则，设计了坦克驾驶教练车驾驶观察感知系统、动力传动系统，完成了整车轻量化和机动性能计算。基于集成化原则，设计了教练员监视装置、指挥装置和超越停车装置，集成安装于教练室教练员作业席位。基于智能化原则，开发了驾驶动作信息采集系统和驾驶技能离线评估系统，提出了教练车智能化运用的训练模式。

本书可作为坦克驾驶教练车或其他车辆设计、研制人员的参考资料，也可作为高等院校车辆工程与车辆运用专业的教学参考书。

图书在版编目(CIP)数据

坦克驾驶教练车设计概论/张进秋等编著．—北京：
国防工业出版社，2024.5
ISBN 978-7-118-13333-2

Ⅰ.①坦…　Ⅱ.①张…　Ⅲ.①坦克-车辆-设计
Ⅳ.①TJ811

中国国家版本馆 CIP 数据核字(2024)第 095284 号

※

国防工业出版社出版发行
（北京市海淀区紫竹院南路23号　邮政编码100048）
北京虎彩文化传播有限公司印刷
新华书店经售

*

开本 710×1000　1/16　印张 11½　字数 210 千字
2024 年 5 月第 1 版第 1 次印刷　印数 1—1000 册　定价 88.00 元

（本书如有印装错误，我社负责调换）

国防书店：(010)88540777　　书店传真：(010)88540776
发行业务：(010)88540717　　发行传真：(010)88540762

编写委员会

主　编　张进秋　刘义乐　刘峻岩
副主编　贾进峰　席军强　柴　慎
编　委　张　建　程　浩　李　源
　　　　　左茂红　邢金昕　赵明媚
　　　　　彭　虎　王兴野　罗　剑
　　　　　石志涛　姚　军　权清达

前　　言

根据老旧装备大量退役亟须开发再利用途径的现实问题，结合部队新装备训练需求，提出了研制新型坦克驾驶教练车的构想。经院校、军工企业和地方高校合作攻关，完成了坦克驾驶教练车总体设计、强约束条件下退役坦克改制再利用、教练指控系统多维集成、训练考评信息化环境构建和教练车智能化运用等任务，实现了首款坦克驾驶教练车设计定型并列装，为部队培养了大批坦克驾驶员，缓解了部队新装备摩托小时紧缺的难题。

在教练车研制过程中，提出的相似性、集成化、智能化的教练车设计原则，研发的驾驶指挥、超越制动、信息采集、离线考评、智能换挡等成果，受到广大教练车研制厂家的欢迎，后续多型驾驶教练车均借鉴或参考了项目组相关成果。部队院校和基地利用教练车开展信息化驾驶训练改革，也取得了一系列丰硕成果。

在驾驶教练车研制过程中，项目组对驾驶训练和教练车设计逐渐积累了一些理论见解，如具备什么样的功能才能称为教练车，教练车设计的基本原则是什么，哪些课目可以利用教练车开展代装训练，哪些课目却不可以？教练员的功能有哪些？教练系统的设计要求是什么？并对不同退役装备底盘系统的设计知识有了更加深刻的认识。

综合上述研究成果，并结合项目组多年来对驾驶训练改革的理解，完成了本书的撰写。感谢刘德刚副院长、郎永发总工程师、席军强教授、柴慎总工程师、张建博士、彭志召博士等对本书所述研究成果做出的贡献；特别感谢王兴野博士、彭虎博士、姚军博士在坦克驾驶教练车总体结构计算、仿真等方面的突出贡献；非常感谢石志涛硕士、罗剑硕士对本书成果所作的开创性基础研究。

本书是对教练车研制成果的总结，可为教练装备研制提供新的思路和借鉴。本书可作为从事坦克装甲车辆及军用或民用车辆驾驶教练车设计、研制以及机械与车辆工程等相关学科领域的科学研究人员、工程技术人员的参考资料。

作者

2024 年 3 月

目 录

第1章 绪　　论 ·· 001
　1.1 坦克驾驶训练现状 ·· 001
　　　1.1.1 坦克驾驶训练课目 ·· 001
　　　1.1.2 坦克驾驶训练器材 ·· 002
　1.2 坦克驾驶教练车发展概况 ·· 002
　1.3 教练车研制必要性 ·· 005
　1.4 本书主要内容 ·· 005

第2章 驾驶行为特性 ·· 009
　2.1 驾驶感知特性 ·· 009
　　　2.1.1 空间知觉 ·· 010
　　　2.1.2 速度知觉 ·· 011
　　　2.1.3 环境感知 ·· 012
　2.2 驾驶决策特性 ·· 012
　　　2.2.1 反应能力 ·· 013
　　　2.2.2 注意品质 ·· 014
　　　2.2.3 影响因素 ·· 015
　2.3 驾驶操纵特性 ·· 016
　　　2.3.1 驾驶动作行为 ·· 016
　　　2.3.2 驾驶动作水平 ·· 018
　　　2.3.3 车辆行驶平稳性 ··· 019
　　　2.3.4 操纵特性影响因素 ·· 020
　2.4 驾驶技能迁移特性 ·· 020
　　　2.4.1 驾驶技能正迁移 ··· 021
　　　2.4.2 驾驶技能负迁移 ··· 022
　　　2.4.3 技能迁移影响因素 ·· 023
　2.5 小结 ·· 024

第3章 驾驶教练车总体设计 ………………………………………… 025

3.1 训练系统需求分析 …………………………………………… 025
3.1.1 训练系统功能分析 ………………………………… 025
3.1.2 训练系统技术指标 ………………………………… 027
3.1.3 驾驶训练课目规划 ………………………………… 027

3.2 教练系统需求分析 …………………………………………… 028
3.2.1 教练机教练功能分析 ……………………………… 028
3.2.2 教练系统功能分析 ………………………………… 029
3.2.3 教练系统技术指标 ………………………………… 031

3.3 教练车总体设计 ……………………………………………… 031
3.3.1 概述 ………………………………………………… 031
3.3.2 教练车设计原则 …………………………………… 032
3.3.3 教练车总体布置 …………………………………… 033
3.3.4 教练车技术方案 …………………………………… 035

3.4 小结 …………………………………………………………… 036

第4章 训练系统相似性设计 ……………………………………… 037

4.1 相似理论 ……………………………………………………… 037

4.2 教练车驾驶感知系统设计 …………………………………… 038
4.2.1 驾驶室潜望镜设计 ………………………………… 039
4.2.2 驾驶室仪表设计 …………………………………… 040
4.2.3 驾驶室操纵件设计 ………………………………… 041

4.3 教练车动力传动系统设计 …………………………………… 042
4.3.1 发动机选型 ………………………………………… 042
4.3.2 变速机构设计 ……………………………………… 042
4.3.3 转向机构设计 ……………………………………… 044
4.3.4 行动部分设计 ……………………………………… 047

4.4 电液式变速操纵装置设计 …………………………………… 047
4.4.1 总体设计方案 ……………………………………… 047
4.4.2 电子控制单元 ……………………………………… 048
4.4.3 选换挡执行机构 …………………………………… 049
4.4.4 离合器执行机构 …………………………………… 050
4.4.5 液压油源 …………………………………………… 051
4.4.6 变速手柄 …………………………………………… 051
4.4.7 变速控制软件功能 ………………………………… 052

         4.4.8　变速控制软件方案 …………………………………… 052
         4.4.9　动力舱改装散热影响分析 ………………………… 054
   4.5　小结 …………………………………………………………… 054

第 5 章　教练车轻量化设计 ………………………………………… 056
   5.1　轻量化设计理论 ……………………………………………… 056
         5.1.1　轻量化设计方法 ……………………………………… 056
         5.1.2　轻量化设计软件 ……………………………………… 057
         5.1.3　车辆模态分析 ………………………………………… 057
         5.1.4　车体刚强度分析 ……………………………………… 058
   5.2　教练车车体轻量化设计 ……………………………………… 059
         5.2.1　有限元模型的建立 …………………………………… 059
         5.2.2　载荷、约束与材料条件 ……………………………… 060
         5.2.3　计算结果 ……………………………………………… 061
   5.3　炮塔骨架轻量化设计 ………………………………………… 063
         5.3.1　炮塔骨架静载荷分析 ………………………………… 064
         5.3.2　侧翻载荷结构强度分析 ……………………………… 065
         5.3.3　炮塔骨架自由模态分析 ……………………………… 067
         5.3.4　约束模态分析 ………………………………………… 068
         5.3.5　炮塔骨架结构修改方案 ……………………………… 068
         5.3.6　炮塔骨架结构强度对比分析 ………………………… 069
         5.3.7　炮塔骨架结构修改前后对比分析 …………………… 071
   5.4　炮塔结构动力学分析 ………………………………………… 071
         5.4.1　车辆侧翻炮塔骨架动力学分析 ……………………… 072
         5.4.2　车辆侧翻炮塔结构动力学分析 ……………………… 073
         5.4.3　不同结构、不同侧翻速度的仿真结果对比分析 …… 075
   5.5　身管轻量化设计 ……………………………………………… 076
         5.5.1　强度校核 ……………………………………………… 076
         5.5.2　动力学仿真 …………………………………………… 078
         5.5.3　计算结果 ……………………………………………… 080
   5.6　小结 …………………………………………………………… 080

第 6 章　教练车机动性能计算 ……………………………………… 081
   6.1　车辆质心弹心计算 …………………………………………… 081
         6.1.1　质心计算 ……………………………………………… 081

6.1.2 弹心计算 ·· 084
  6.1.3 平顺性计算 ·· 088
 6.2 车辆动力性能计算 ·· 088
 6.3 直驶牵引性能计算 ·· 089
  6.3.1 动力因数计算 ·· 090
  6.3.2 加速特性计算 ·· 090
 6.4 车辆转向性能计算 ·· 091
  6.4.1 转向性能指标 ·· 091
  6.4.2 假设道路条件 ·· 092
  6.4.3 转向半径计算 ·· 092
  6.4.4 转向力矩计算 ·· 092
  6.4.5 转向参数 ·· 093
  6.4.6 转向角速度 ·· 094
 6.5 车辆通过性能计算 ·· 094
  6.5.1 陆地通过性评价指标 ·· 094
  6.5.2 爬坡角计算 ·· 096
  6.5.3 侧倾角计算 ·· 097
 6.6 小结 ·· 098

第7章 教练系统集成设计 ·· 099
 7.1 教练监视装置设计 ·· 099
  7.1.1 教练员潜望镜设计 ·· 099
  7.1.2 驾驶员动作监视系统设计 ·· 100
  7.1.3 教练员仪表监视系统设计 ·· 100
 7.2 教练指挥装置设计 ·· 101
  7.2.1 教练指挥装置组成 ·· 101
  7.2.2 教练指挥装置使用 ·· 102
 7.3 超越停车装置设计 ·· 103
  7.3.1 超越停车装置组成 ·· 103
  7.3.2 制动汽缸总成 ·· 103
  7.3.3 气动控制总成 ·· 106
  7.3.4 超越停车装置工作原理 ·· 106
  7.3.5 超越停车装置验收方法 ·· 107
 7.4 教练室开设 ·· 108
 7.5 小结 ·· 109

第8章 驾驶动作信息采集系统设计 ·············· 111

8.1 驾驶动作信息层次解析 ·············· 111
8.1.1 原始数据层 ·············· 111
8.1.2 单一动作层 ·············· 113
8.1.3 协同动作层 ·············· 113

8.2 驾驶动作信息记录 ·············· 114
8.2.1 驾驶动作记录发展现状 ·············· 114
8.2.2 驾驶动作传感器选型 ·············· 116
8.2.3 驾驶动作采样频率 ·············· 117

8.3 驾驶动作信息采集装置设计 ·············· 118
8.3.1 驾驶动作信息采集装置功能 ·············· 118
8.3.2 驾驶动作信息采集装置硬件组成 ·············· 119
8.3.3 驾驶动作信息采集装置关键技术 ·············· 121
8.3.4 驾驶状态信息记录仪软件设计 ·············· 123
8.3.5 驾驶动作信息记录软件功能 ·············· 124
8.3.6 驾驶动作数据记录格式 ·············· 125

8.4 小结 ·············· 127

第9章 驾驶动作模式识别 ·············· 128

9.1 驾驶动作信息矩阵 ·············· 128
9.1.1 动作状态矩阵 ·············· 129
9.1.2 动作状态矩阵特点 ·············· 129
9.1.3 动作状态矩阵数值 ·············· 130

9.2 关键驾驶动作识别 ·············· 131
9.2.1 驾驶动作关键参数 ·············· 131
9.2.2 基础驾驶动作识别 ·············· 131
9.2.3 动作状态矩阵识别 ·············· 132

9.3 错误驾驶动作识别 ·············· 132
9.3.1 动作基准矩阵 ·············· 133
9.3.2 动作基准矩阵库 ·············· 134
9.3.3 换挡错误动作识别 ·············· 135
9.3.4 错误动作识别示例 ·············· 136

9.4 驾驶协同动作模糊识别 ·············· 139
9.4.1 模糊识别流程 ·············· 139

    9.4.2 驾驶协同动作分解 …… 140
    9.4.3 典型动作模式分解 …… 142
    9.4.4 驾驶动作时间统计 …… 143
    9.4.5 驾驶动作序列分割 …… 145
    9.4.6 驾驶动作分割算法 …… 150
  9.5 驾驶动作模糊识别示例 …… 151
    9.5.1 驾驶动作组合识别器设计 …… 151
    9.5.2 驾驶动作数据处理 …… 151
    9.5.3 换挡过程数据处理示例 …… 152
    9.5.4 连续换挡过程模糊识别 …… 154
  9.6 小结 …… 156

第10章 教练车智能化运用 …… 157
  10.1 坦克驾驶基础训练考评现状 …… 157
  10.2 离线考评系统开发 …… 158
  10.3 驾驶动作信息采集 …… 159
  10.4 驾驶动作模式识别 …… 159
  10.5 驾驶动作智能指导 …… 162
    10.5.1 换挡样本数据筛选 …… 162
    10.5.2 升挡时机的机器学习 …… 163
    10.5.3 升挡时机智能提示 …… 163
  10.6 驾驶训练新模式构建 …… 164
    10.6.1 信息化驾驶训练模式 …… 164
    10.6.2 梯次化代装训练体制 …… 166
  10.7 驾驶训练改革启示 …… 167

参考文献 …… 168

第 1 章 绪 论

坦克驾驶训练是装甲兵专业技术训练的重要组成部分，是充分发挥坦克装甲车辆战术技术性能的重要保证，是培养驾驶员驾驶技能的重要途径。由于坦克装甲车辆的特殊舱室布局，教练员无法看到学员在车内的操作情况，只能根据车辆运动状态粗略判断其学习效果。由于无法得知或忽略学员在训练中所表现的动作细节是否协调连贯、动作顺序是否正确、动作力度是否到位等情况，导致对学员驾驶动作的评判具有一定的主观性。本书通过分析驾驶技能能力体系，明确了驾驶教练车设计目标；通过教练车的训练系统、教练系统，实现了教练车作为教学训练平台的装备功能；通过实车搭建数据采集系统、驾驶动作模式识别，实现了坦克驾驶动作的数字化记录和智能化考评。

1.1 坦克驾驶训练现状

1.1.1 坦克驾驶训练课目

坦克驾驶员的培训基本采用理论讲解、车辆实习、基础训练和实车驾驶的训练模式。理论讲解的重点是讲解坦克驾驶的规则、要领和注意事项；车辆实习主要是用于熟悉装备，通常结合对实装的观摩来进行，用以掌握驾驶动作的开关、面板和操纵装置；基础训练主要是借助驾驶椅和训练模拟器，通过反复练习驾驶操纵的动作要领，达到动作准确、操作熟练的要求；实车驾驶则是将理论讲解、车辆实习和基础训练等内容进行综合应用的训练过程。实车驾驶训练中，训练课目一般包括基础驾驶、坡道驾驶、限制路及障碍物驾驶、道路驾驶、战场态势判断驾驶、夜间驾驶、应用驾驶、山地驾驶、特种条件驾驶和行军驾驶等，还可以根据训练内容细化为几十个练习。

1.1.2 坦克驾驶训练器材

驾驶训练所使用的装备主要包括基础训练器材和实装坦克。基础训练器材主要包括坦克驾驶椅和坦克训练模拟器两种类型。坦克驾驶椅是 20 世纪 50 年代各国广泛使用的一种制式训练器材,主要用于辅助培训驾驶员熟悉和掌握驾驶动作要领,是坦克驾驶员上车前必须经历的一项训练科目。

坦克驾驶模拟器结构按照型式可分为分体式坦克训练模拟器和整体式坦克训练模拟器两种。分体式坦克训练模拟器将坦克的驾驶员、车长和炮长 3 名乘员的训练环境设置为 3 个独立的座舱,主要由车长模拟舱、炮长模拟舱、驾驶员模拟舱、教练员控制台和电源系统等组成,3 个座舱可同时对驾驶员、车长和炮长进行训练,并配备了考评系统,用于对驾驶员的操作情况进行评价。整体式坦克训练模拟器将坦克的驾驶员、车长和炮长 3 名乘员的训练环境集成在一个综合座舱中,该综合座舱由一个液压运动平台支撑,借助液压平台的运动,可模拟坦克车体的各种运动姿态。整体式坦克训练模拟器的组成,除了综合座舱、液压运动平台,还包括教练员控制台、电源系统等部件。每名乘员都有逼真的训练环境,教练员通过教练控制台可对系统实施管理、对乘员训练实施监控和考评。

实装坦克训练又包括实装坦克驾驶训练和坦克驾驶教练车训练。美国、德国、英国、法国等国家非常重视训练手段的建设,在研制新型坦克的同时,利用新型坦克的底盘,配套研制坦克驾驶教练车,而坦克驾驶员的培训,则依托坦克驾驶教练车进行。

1.2 坦克驾驶教练车发展概况

国外早在 20 世纪 60 年代,就已研制出与同型号战斗坦克相配套的训练坦克——坦克驾驶教练车,并利用坦克驾驶教练车代替同型号坦克,开展坦克驾驶的训练任务。尽管不是主流,但世界各国在坦克驾驶训练领域,也相继推出了部分坦克驾驶训练教练车。

德国在 20 世纪 60 年代,推出了"豹"-1 坦克驾驶教练车,如图 1-1 所示。采用观察舱替换主战坦克炮塔,并用炮管模型替换主战坦克 105mm 火炮。观察舱内可容纳 1 名教练员和 2 名驾驶学员,并安装有车辆控制设备,必要时教练员可随时取得车辆驾驶控制权。德军共装备了 60 辆"豹"-1 坦克驾驶教练车。

20世纪80年代后期,德国推出了"豹"-2坦克驾驶教练车,如图1-2所示。该车基本上与"豹"-2坦克相同,炮塔被一透明观察塔取代,重量与标准"豹"-2坦克相近,该车具有与制式"豹"-2坦克相同的驾驶特性,车上安装了1个120mm火炮炮管模型、3个座椅(1名教官和2名学员),以及教练员超越控制装置。目前,德国陆军共装备了22辆"豹"-2坦克驾驶教练车,皇家荷兰陆军装备了20辆,希腊陆军装备了12辆。

图1-1 "豹"-1坦克驾驶教练车　　图1-2 "豹"-2坦克驾驶教练车

1990年,维克斯防务系统公司为英国陆军提供17辆"挑战者"-1坦克驾驶教练车,如图1-3所示。该车将"挑战者"-1主战坦克的炮塔换装成镶嵌了玻璃窗的舱室,舱室内可容纳1名教练员和4名学员。教练员配有额外的驾驶仪表板和车辆控制设备,能够监视驾驶员操作,对车辆进行控制,尤其在紧急情况下,可超越驾驶员实施停车制动。该车不仅采用了"挑战者"-1的底盘,而且还保持与"挑战者"-1完全相同的战斗全重。因此,该车具有与"挑战者"-1完全一致的机动性能,除可用于驾驶训练外,还可用于传动系统、操纵装置和发动机的维修训练。1994年,维克斯防务系统公司再次向英国陆军提供了9辆"挑战者"-2坦克驾驶教练车,如图1-4所示。基本布局与"挑战者"-1坦克驾驶教练车相同,所不同的是采用了"挑战者"-2坦克底盘,并且改进了教练员的仪表设备。

图1-3 "挑战者"-1坦克驾驶教练车　　图1-4 "挑战者"-2坦克驾驶教练车

法国陆军在勒克莱尔坦克基础上,推出了专门的 AMX-30 坦克驾驶教练车,如图 1-5 所示。该车用一种观察型炮塔取代 AMX-30 坦克炮塔,用于开展坦克驾驶员的训练任务。1993 年初,阿拉伯联合酋长国订购了 388 辆"勒克莱尔"主战坦克、2 辆坦克驾驶教练车和 46 辆装甲抢救车。

SJ-09 坦克驾驶教练车如图 1-6 所示,主要用于对波兰 T-72M1 坦克驾驶员和机械师进行驾驶动作与维修训练。该车去掉了原坦克炮塔,安装有一个完全封闭的长方形观察舱,并用一个炮管模型取代炮塔上 125mm 火炮。观察舱内可容纳 1 名教练员和 2 名学员,另有 1 名学员处于驾驶位置。教练员配有一套额外的操纵系统,可用于控制车辆的转向、离合和制动,同时,教练员还配备了驾驶仪表板,用于监测车况和培训学员正确观察仪表。SJ-09A 坦克驾驶教练车的结构与 SJ-09 基本相同,所不同的是 SJ-09A 坦克驾驶教练车选用了波兰 PT-91 新型坦克底盘,主要用于培训 PT-91 坦克的驾驶员。

图 1-5 AMX-30 坦克驾驶教练车　　　　图 1-6 SJ-09 坦克驾驶教练车

综合分析世界各国坦克教练车的发展现状,可以看出作为一种专用训练装备,坦克驾驶教练车有以下主要技术特点:

(1)采用同型号坦克底盘,实现驾驶教练车和同型号主战坦克的机动性能、操作要领高度相似。

(2)通过将炮塔改装成驾驶教练室,并在教练室内加装车辆工况和驾驶员监控、超越制动等专用训练设备,改善了教练员的指挥手段,增强了教练员实时指挥能力,提高了坦克训练的安全性。

(3)采用镶嵌有玻璃窗的观察舱,极大地方便了教练员对行驶中的道路条件和车辆周边环境的观察,为教练员对驾驶员各种操作的预判和指挥,以及对车辆的操控等提供了重要的条件。

(4)从节约训练经费的角度出发,坦克驾驶技能训练完全可以依托具有相似功能或者相似结构的教练装备进行,并且装备的复杂程度越高,研制专用教练装备的必要性就越大。

1.3 教练车研制必要性

相对于采用坦克驾驶教练车培训驾驶员,立足于实装坦克培训坦克驾驶员的训练过程中,主要存在以下三点不足:

(1)实装坦克缺乏训练所必需的指挥与监控手段。在实装坦克的驾驶训练中,由于没有专门的教练员座舱,教练员对于受训中驾驶员的指挥,通常是通过车内通话器或借助就便器材进行教练指挥的,通过触碰驾驶员的头、肩膀或后背来实施;而对于驾驶动作的正确性和发动机工况的监控,教练员只能通过看车辆行驶的速度、听发动机工作的声音和观察动力舱百叶窗的异常排出情况等,凭借自身的经验来判定。因此,由于手段的缺乏,制约着坦克驾驶训练的科学性。

(2)实装坦克训练存在安全隐患。由于缺乏必要的训练手段,在坦克驾驶训练中,教练员必须站在炮塔内的座椅上,将身体探出炮塔外,用于观察车辆行驶前方的道路和车体后部动力舱的工作情况,给教练员的安全埋下了隐患。同时,由于缺乏控制车辆的有效手段,在实装坦克的驾驶训练中,即使教练员发现训练过程出现了险情,也无法及时对坦克采取诸如紧急制动等必要的指控措施进行控制,最终导致事故的发生。

(3)实装坦克训练军事效益、经济效益较差。实装坦克训练由于缺少教练指控手段,对训练过程缺乏准确的信息化大数据记录与评估,培养坦克等级驾驶员动辄需要消耗几十个摩托小时,致使训练效率低下。另外,实装坦克驾驶训练消耗战备摩托小时储备,并且维护保养费高、全寿命周期费用高。

综上分析,从发展和完善坦克驾驶训练手段出发,研制坦克驾驶教练车,可提升坦克驾驶训练的专业化程度,将坦克驾驶训练能力提高到一个新水平。因此,开展坦克驾驶教练车的研制具有重大的军事和经济效益。

1.4 本书主要内容

聚焦提升陆军装备训练质效,推进坦克驾驶训练由机械化向信息化、智能化转变,本书从驾驶员行为特性出发,规划了教练车驾驶训练、辅助教练两类功能需求,提出了相似性、集成化、智能化的总体设计原则。基于相似性原则,以某退役坦克底盘为基础，设计了坦克驾驶教练车驾驶感知系统、动力传动系统，完成了车体轻量化和全车机动性能计算。基于集成化原则，设计了教练员监视装置、指挥装置和超越停车装置，集成安装于教练员作业席位。基于智能化原则，设计了驾驶动作信息采集系统，开发了驾驶动作识别模型，提出了教练车智能化运用的训练模式。本书主要内容体系如图1-7所示，具体包括：

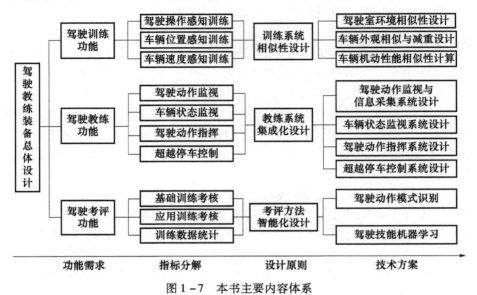

图1-7 本书主要内容体系

第1章 绪论。本章介绍了坦克驾驶训练现状、教练车国内外发展概况，论述了坦克驾驶教练车研制的必要性，规划了全书的主体内容和体系结构。

第2章 驾驶行为特性。本章以训练目标的核心能力为突破口，围绕训练系统开展要素分析，根据S-O-R行为模型，将驾驶过程中驾驶员信息处理过程分为感知、决策和操纵三种行为，并重点论述了三种驾驶行为特性的内涵、度量参数和影响因素，以及驾驶技能迁移特性，为教练车功能需求分析和代装训练提供输入。

第3章 驾驶教练车总体设计。本章把坦克驾驶教练车功能区分为驾驶训练、驾驶教练两类功能，分别论述了两类功能的内涵、技术指标，以及对应各功能的装备子系统组成等，提出了相似性、集成化、智能化的教练车总体设计原则，建立了全书的研究理论框架。

第4章 训练系统相似性设计。本章运用相似理论指导坦克驾驶教练车感知系统（潜望镜、仪表、操纵件）、动力传动系统设计；基于退役装备和新型主战装备差异，给出了一个电液式变速操纵装置的改装设计案例。

第5章 教练车轻量化设计。作为相似性设计中的外观相似和动力性能相似的基本要求，本章运用各种轻量化设计和有限元仿真方法，完成了教练车车体、模型炮塔、模型身管等外观部件的轻量化设计。

第6章　教练车机动性能计算。在完成训练系统相似性设计、车体炮塔轻量化设计的基础上，本章讨论了所设计驾驶教练车车辆质心弹心位置计算、发动机动力性能、直驶牵引性能、转向性能、通过性能等机动性能的计算验证方法，确保所设计的教练车机动性能与对应的主战坦克机动性能基本相同或相似。

第7章　教练系统集成设计。在不改变原退役坦克底盘基本布局、不干涉驾驶员观察和操作的约束条件下，通过加装教练员潜望镜、驾驶动作视频监控系统、教练员仪表监视系统、驾驶动作指挥装置、超越制动装置，构建了集成化的辅助驾驶教练指挥控制系统，实现了驾驶训练的可靠指控、安全高效。

第8章　驾驶动作信息采集系统设计。本章分层次解析了驾驶动作的含义，重点论述了驾驶动作信息采集系统的组成、功能和使用注意事项等，为教练车智能化运用提供了底层数据输入。

第9章　驾驶动作模式识别。动作识别是驾驶动作信息采集后、驾驶动作考评前必要的数据处理步骤。本章重点介绍了驾驶动作信息矩阵的组成、数字化特点，然后论述了一种基于动作顺序和动作时间融合表示的驾驶协同动作模糊识别方法。

第10章　教练车智能化运用。本章通过开发车载驾驶动作信息采集系统和大数据离线考核评估系统、建立驾驶动作数据词典等措施，构建了一个从驾驶训练数据采集到驾驶行为模式识别，从驾驶技能自动评价到驾驶技能机器学习的坦克驾驶训练信息化智能化环境，打破了坦克驾驶训练中教练员和学员一对一交流的限制，满足了陆军多基地多装备分布式训练的数据管理要求，实现了教练装备研制工作由"单一装备"向"信息化体系"的转型和驾驶训练模式创新。

需要特别说明的是，我军坦克驾驶训练多数是按照型号装备进行的，而坦克驾驶教练车一般用退役装备，如59式坦克改制，用于替代新型主战坦克（如96式坦克）进行训练。因此，本书中注意区分以下三个概念。

（1）坦克驾驶教练车。坦克驾驶教练车简称教练车，是指设置有教练室，安装有驾驶动作指挥装置、超越停车装置、驾驶员动作信息采集装置、发动机工况及驾驶员动作监视装置等特殊设备，担负部队、院校和训练机构驾驶训练教学任务的特种坦克。通常针对某型主战坦克研制对应的驾驶教练车。本书中研制的对象为某型坦克驾驶教练车。

（2）主战坦克。主战坦克是指主要遂行地面突击任务的坦克，是现代条件下地面作战的主要突击兵器。本书所提及的坦克驾驶教练车，均有对应相应型号的主战坦克，如96式坦克驾驶教练车对应96式主战坦克等。驾驶教练车研制时，驾驶室环境和操作装置应与对应的主战坦克驾驶室环境和操作装置保持一致。

（3）教练车基型底盘。教练车基型底盘是指教练车制造时所依托的机动平台，由动力系统、传动系统、行动系统、操纵系统、防护系统、电气设备和车辆电子信息系统等组成。本书中所提及的坦克驾驶教练车，多数依托退役装备底盘改制而成，驾驶教练车研制时，部分机动性能可保持其基型底盘的原有性能。本书中有时用退役装备代指其基型底盘。

第 2 章 驾驶行为特性

训练装备研制,应以训练目标的核心能力为突破口,围绕训练系统开展要素分析,突出训练装备的功能定位和信息化训练手段应用。驾驶教练车研制,应首先满足车辆驾驶过程中驾驶员的一些行为特性要求。驾驶行为特性是驾驶员在信息处理过程中所表现出来的自身特性,根据 S－O－R(刺激－中间变量－动作)行为模型,将驾驶过程中驾驶员信息处理过程分为感知、决策和操纵三种行为。本章将重点论述感知、决策、操纵三种驾驶行为特性的内涵、度量参数和影响因素,为教练车功能需求分析提供输入。

2.1 驾驶感知特性

驾驶员控制行为实际上是信息感知、决策和操纵动作所组成的一个不断往复进行的信息加工、传递和处理过程。感知特性是指坦克在运动过程中,驾驶员对坦克外廓几何尺寸、运行状态的一种感觉掌控能力。感知作用于决策判断,而后影响动作,即感知信息作为前提条件影响驾驶员整个行为过程。

驾驶员感知特性分为感觉与知觉两个方面。与驾驶行为有关的最重要的感觉,包括视觉、听觉、平衡觉、运动觉等。视觉和听觉是眼、耳的功能,平衡觉是由人体位置变化和运动速度变化所引起的。人体进行直线运动或旋转运动时,其速度的加快或减慢,以及体位变化都会引起前庭器官中感觉器的兴奋,从而产生平衡觉。运动觉是由于加速度引起的机械力作用于身体肌肉、筋腱和关节中的感觉器而产生兴奋的结果。

与驾驶相关的知觉形式有视觉、听觉、空间知觉、时间知觉、速度知觉等。其中,视觉与速度知觉是与行车最为密切的知觉形式。驾驶员的空间知觉是非常重要的,行军、通过限制路、越障都要依靠空间知觉,没有空间知觉将无法驾驶坦克,正确的空间知觉是驾驶员在训练中逐渐形成的。时间知觉是对客观事物运动和变化的延续与顺序性的反应,通过某种衡量时间的标准来反映时间。受心理状态的影响,时间知觉具有相对性。速度知觉是对车速的感知能力,驾驶员可以根据先前的行驶速度来估算当前速度。

2.1.1 空间知觉

驾驶坦克行驶过程中,任意一个时刻内都可以把坦克一定范围内的外部环境视为三维立体空间,坦克视为空间内运动的子空间,坦克行驶状态的改变过程可以反映为三维空间中子空间坐标系及速度、加速度的改变。坦克降座驾驶时,由于视野受制于潜望镜,对外界空间的观察仅限于前方某一棱形的立方体空间,如图 2-1 所示,图中 α 为仰角、β 为俯角、θ 为水平视角、φ 为垂直视角、v 为车辆行驶速度、h 为驾驶员视点的高度。驾驶员空间知觉主要表现为通过这一立体空间内的景物变化体会车辆运动状态的能力。空间知觉主要包括车体外部尺寸感知、坦克行驶方向感知等。

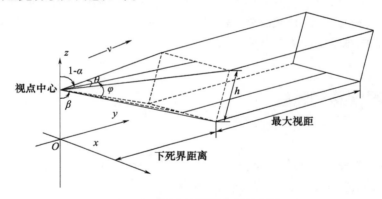

图 2-1 驾驶员视野空间示意图

(1) 车体外部尺寸感知。以某坦克为例,驾驶室在车体的左前部,行驶过程中对车体所在道路位置的感知尤为重要。驾驶员降座驾驶时,受潜望镜限制,前方视野存在一定盲区,使得驾驶员对车辆位置感知变得更加困难。驾驶过程中,如果事先没有对车体外部尺寸很好把握,转向时很容易偏离路面发生危险,直线行驶时不能准确判断前方距离,发生与障碍物相撞等危险。所以,坦克驾驶训练中应重点关注驾驶员对坦克外部尺寸的感知能力。

(2) 坦克行驶方向感知。坦克行驶方向感知主要反映为驾驶员对正方向的能力,以坦克通过各类限制路时对正方向的准确性来评判。坦克驾驶中对正方向的方法主要包括框套法、三点一线法和沿边法等,要求驾驶员必须掌握,使用时主要依据个人习惯爱好和道路信息灵活运用。驾驶教范中,对正方向的考核标准为:15~30m 的距离内用框套法对正方向,误差小于 0.5m;10~15m 距离内用三点一线法对正方向,误差小于 0.3m。

坦克驾驶中对正方向、判断距离均是对驾驶员空间感知能力的训练。影响驾驶员空间感知的因素包括自然环境、车辆内部环境和坦克自身运动状态。第一,自然环境对空间感知影响最大的是地形切割度、植被遮蔽度和战场能见度。试验表明,当地形切割度大于 20%、植被遮蔽度大于 23% 或者战场能见度小于 200m 时,将严重影响驾驶员对空间的感知,在不借助于定向器材和导航设备的情况下,产生定向感觉偏差的概率大于 70%。第二,坦克装甲车辆内部环境对空间感知也有很大的影响。长时间驾驶坦克,其振动、噪声、温度、油烟气味、火药气味等给驾驶员生理带来较大的消耗和不适,加剧了驾驶员心理的变化,导致前庭感觉异常及植物神经功能紊乱,血流动力学改变,很容易产生对空间感知偏差。第三,坦克自身的运动由于受地形等影响,坦克颠簸和摇晃较大,驾驶员受三种加速度作用,发生横向、纵向、俯仰角加速度等左右上下前后的抖动摇晃等异常运动,刺激在中枢神经内产生感觉冲突,引起许多中枢神经系统功能失衡、内分泌功能、大脑皮质功能失调,对脑干植物神经中枢的调控作用失常,从而发生空间感知能力的模糊偏差。

2.1.2 速度知觉

坦克行驶过程中驾驶员相对车辆是静止的,而从驾驶员视觉角度出发,车外部的景物是做相对方向的移动,且速度绝对值与车速一致,在图 2-1 所示的棱形立方体中引入视角速度 ω,单位 rad/s,描述驾驶员动态视野变化情况,令

$$\omega = \sqrt{\left(\frac{\mathrm{d}\theta}{\mathrm{d}t}\right)^2 + \left(\frac{\mathrm{d}\phi}{\mathrm{d}t}\right)^2} \qquad (2-1)$$

当 $x=0$ 时,简化为 $\omega = \frac{h}{y_0^2 + h^2} \cdot v$,$y_0$ 为下死界距离。

可以看出,视点高度 h 不变,车速 v 越大,则视角速度越大,反之则越小。通常,$\omega \leqslant 2\mathrm{rad/s}$ 为舒适的驾驶视野范围;$2\mathrm{rad/s} < \omega < 4\mathrm{rad/s}$ 为不舒适的驾驶视野范围;$\omega \geqslant 4\mathrm{rad/s}$ 为具有恐怖感的驾驶视野范围。已有研究确定了车速与视野之间的关系,如表 2-1 所列。

表 2-1 车速与视野的关系

车速/(km/h)	0	40	60
视野/(°)	170	100	86

坦克连续变速行驶时,可以遮挡发动机转速表和车速表,锻炼驾驶员通过对视野的观察和对速度的感知来控制车速。

驾驶员速度知觉不仅受驾驶技术影响,而且受身体、心理、年龄、环境、经验等诸多因素的影响,在行车中往往会产生各种各样的错觉。错觉是即使注意了也难以避免的人类知觉特性。引起驾驶员产生速度错觉的视知觉因素主要有两点,即连续对比感觉的影响和适应性的影响。当人连续受到有差异的某种刺激后,所产生的差异感往往比差异本身实际的客观物理量差别大,这就是连续对比感觉的影响。英国道路研究所曾对汽车驾驶员做过"车速减半"试验,即首先让驾驶员将汽车加速到某一规定车速,然后要求驾驶员立即凭自己的主观感觉将车速减低到当前车速的一半。当车速变化时,驾驶员主观感觉到的速度差别总是比实际大。适应性是人体自身的一种特性。这种特性决定了人对外界有变化的情况比较敏感,而对缺少变化的刺激则感觉迟钝。减速前等速行驶的距离越长,车速判断的误差越大。这是因为在长直线高速公路上等速行驶一段时间后,由于适应性的影响,驾驶员的速度感减弱,虽然实际车速很高,但主观上觉得车速并不高。

2.1.3 环境感知

"人-机-环"系统中,环境也是决定驾驶员如何控制车辆的一个必要因素,忽略气候、光照、温度、噪声等的外界环境影响,环境感知主要是指驾驶员对道路信息的感知能力,即驾驶员通过自身的平衡觉、运动觉来感知车体姿态变化,进而转化为对路面条件的感知能力,如道路坡度、宽窄和曲率变化等。

(1)坡度感知。当坦克行驶从平路上行驶到上坡(或下坡)路面时,驾驶员会受到一个仰角(或俯角)运动所产生的惯性力,称为驾驶员的坡度感知或坡度体感。研究表明,前庭系统是人体运动感知器官,其中,耳石感觉线速度,半规管感知角速度。如果驾驶员对坡度感知错差过大,就会造成坦克在上坡时发动机负荷过重或者被迫停车,下坡时车速过快易造成事故。坦克驾驶中设置了坡道驾驶课目,来训练驾驶员对道路坡度的感知及其对车辆操控的影响。

(2)道路宽窄和曲率的感知。驾驶员对道路宽窄和曲率的感知就是看驾驶员能否使坦克在限制路的某个规定范围内行驶,在满足安全性指标的情况下,行驶轨迹与规定范围内左侧边界距离和右侧边界距离越大越好,同时道路曲率变化与行驶轨迹所对应的航向夹角越小越好。

2.2 驾驶决策特性

驾驶员判断决策特性因人而异。驾驶经验与驾驶水平的差异、感知速度的差异及驾驶适应性等问题都会影响驾驶员决策。影响驾驶员决策特性的所有心理品质中,最重要的是驾驶员对战场情况变化的反应能力及注意品质。

2.2.1 反应能力

驾驶员的反应能力对战场机动有较大的影响,选择反应时间是影响战场机动的重要心理指标。驾驶员对战场环境的反应时间越长,反应能力就越差,越容易贻误战机。反应时间长、认知和反应时间稳定性差、动作反应慢的驾驶员比认知反应快的驾驶员容易发生贻误战机的情况,反应时间长的驾驶员易发生车速判断误差及行军间距判断误差。

驾驶任务中,驾驶员只有掌握可靠的信息后才能做出正确的决策,很好地控制坦克,而驾驶员对信息的处理是在一定时间限制内进行的。通常用"比特(b)"来表示信息的数量,驾驶员具有单独的固定容量信息通道,并在这个容量范围内工作。例如,驾驶员视觉信息通道的最大接收速率为 4.6×10^6 b/s,听觉的最大接收速率为 8×10^3 b/s。

反应是回答某种刺激所产生的动作,即从接受信息(感知)到反应产生效果的过程。反应过程包括刺激引起感觉器官的活动,信息经由神经传递给大脑,经过处理后,再由大脑传递给肌肉,肌肉收缩,作用于外界的某种操纵件,即反应包括反映、判断、作动三个阶段。

从视觉和听觉等感觉器官接受到刺激到做出反应所需的时间,称为反应时间,包括 4 个阶段,即感觉器官所需的时间、大脑信息加工所消耗的时间、神经传导的时间和肌肉反应的时间。在驾驶过程中,驾驶员手和脚的运动准确性是有限的,且需要一定的反应时间,加之外界环境的复杂多变,人在疲劳后注意力的分散,随着驾驶任务的加重,都会使反应时间增加。

把反应时间作为驾驶员反应能力的外在表现,有简单反应时间和选择反应时间两种类型。简单反应时间是给予单一的某种刺激,要求做出反应,且只需要一种动作就可完成。简单反应的特点是,除该刺激信号外,被刺激者的注意力不被另外的目标所占据。人类一般视觉、听觉、触觉和嗅觉的简单反应时间和人体各个部位简单反应时间如表 2-2 和表 2-3 所列。

表 2-2 感觉与简单反应时间

感觉	听觉	视觉	触觉	嗅觉
反应时间/s	0.15~0.20	0.12~0.16	0.11~0.16	0.20~0.80

表 2-3 人体各个部位反应时间差异

部位	右手	左手	右脚	左脚
反应时间/s	0.147	0.144	0.174	0.179

坦克驾驶员在驾驶室内接收潜望镜外指挥员的手势进行停车、倒车等,当看到指挥员做出某一手势时,驾驶员迅速做出相应的反应,从眼睛到脚的反应时间约需 0.5s,这就是简单反应时间。驾驶员在驾驶椅上听到教练员下指令(单一动作元素)后,常见驾驶动作的平均反应时间如表 2-4 所列。

表 2-4 标准简单操作时间

简单操作名称	反应时间/s	简单操作名称	反应时间/s
离合器操作	0.23	制动器操作	0.28
挡位操作	0.95	油门操作	0.26
左操纵杆操作	0.39	右操纵杆操作	0.36

选择反应是指对于两种以上刺激,需要根据不同情况,经分析判断后做出不同的反应,也就是对某一特定事物,预先识别,随即判断如何反应,再加上简单反应时间。例如,坦克在过障碍路时,首先要判断坦克与障碍物的距离和当前的行驶速度,然后还要选择是否要对正方向,这在操作上同时有多种选择。驾驶员在驾驶坦克过程中,随时接收外界复杂环境信息以及坦克行驶状态信息,都有一个识别、判断和反应的过程,所以坦克驾驶过程基本是选择反应。

国外一些法规把 0.6s 作为标准反应时间。坦克驾驶过程中,车辆停车时都要考虑驾驶员选择反应的时间。停车距离的测试方法为:在规定的标志物位置,驾驶员分别以 10km/h、20km/h、30km/h 左右速度接近时,指挥员通过旗语(或手势)指示驾驶员制动停车,记录从指挥员做出制动停车的指令时开始到驾驶员控制车辆完全静止这段时间。显然,驾驶员选择反应时间不一样,停车距离、停车时间都会有所差别。

2.2.2 注意品质

驾驶员注意品质也影响其决策特性,注意具有指向性、集中性及分配性等特征。车辆在行驶的过程中,驾驶员心理活动有选择地指向和集中于一定的道路及战场信息,经过大脑的识别、判断、抉择,然后采取正确的驾驶动作,保障遂行战斗任务。注意的集中性直接影响驾驶员的反应判断能力,而处于疲劳状态的驾驶员注意分配能力较差。

驾驶员注意品质主要研究驾驶员的心理状态,只有驾驶员心理活动保持集中在一定驾驶信息上,才可以迅速、及时、准确地获得坦克行驶中的各种信息,并采取正确的驾驶动作,保证完成任务。研究表明,驾驶员在坦克行驶中对信息的注意量分配少、注意水平低下是导致任务失败的重要原因。

驾驶员注意品质的基本要求是:注意范围要广;善于选择各种道路信息,特别是突显信息;善于把自己的注意指向于对驾驶任务有关的道路信息及战场威胁度上,并能迅速地把注意从某种道路信息转移到战场威胁度上;保持警觉状态;善于调节和分配注意,对注意力应留有充分的余量,以应对紧急状况。

驾驶员注意品质优劣主要通过两个特征反应:

(1) 注意水平。在驾驶过程中,驾驶员对各种任务目标的注意水平是不均匀的,很多时候,是保证驾驶任务目标与战场环境需求相适应。一般情况下,驾驶员都有多余的注意力去做与驾驶不相关的事情,而不与操作任务相冲突。但是,在战场环境下,分散注意力会同时使多余的心理任务与操作任务受到恶性影响。在驾驶过程的不同时期会有不同的操作任务,驾驶员对心理任务的注意水平会随着刺激线索和环境需求改变。例如,在通过限制路障碍中,驾驶员会把大量的注意水平用于对限制物的观察与对车辆外部尺寸的感知上,对离合器与油门之间的配合会降低注意水平。考察驾驶员的注意水平可采用通过一段具有标志物较多的道路,通过后,根据其报告的错误比例来评判。

(2) 注意量分配。人的注意量分布类似于探照灯的光束,集中在小面积而分布在很大范围上,而且可以从一个范围转移到另一个范围。既可把注意量集中在某一区域或目标上,又可把注意量分散到各个相关目标上。在视区范围内,驾驶员的注意量集中在前面道路区域上,同时也分散一些在边缘上,形成一个扇形视区,视区内各部分的重要性也不相同。驾驶员视区内注意量分配值取决于车速、转弯半径和驾驶员期望的停车距离,因为驾驶中扇形视区是随着车辆加速度和路面条件变化的。驾驶经验的多少也决定驾驶员对操作任务和其他任务注意量的分配,新手一般花费很大的注意力在操作任务上,而熟练的驾驶员对各种操作任务已经相当熟悉了,就会分配少量的注意力在操作任务上。

2.2.3 影响因素

影响判断能力的主要因素有心理疲劳、驾驶室环境以及行驶速度。

(1) 心理疲劳。心理疲劳是由于在行车过程中,驾驶员不断地感知信息,思考、判断和处理信息,心理一直处于紧张状态而引起的。心理疲劳会使驾驶员简单反应时间显著增长,如表2-5所列。同时,选择反应时间也是平时的2倍左右,驾驶员动作准确性明显下降,选择动作时机也不恰当,甚至有时会发生反常反应。

表2-5 不同年龄段驾驶员疲劳前后简单反应时间对比

年龄/岁	疲劳前简单反应时间/s	疲劳后简单反应时间/s
18~22	0.48~0.56	0.60~0.63
22~45	0.58~0.75	0.53~0.82
45~60	0.78~0.80	0.64~0.89

(2) 驾驶室环境。驾驶室室内温度过高、噪声过强，都会影响驾驶员中枢神经系统的功能，使反应迟钝，误操作次数增多；坦克在行驶过程中，驾驶室室内强烈而持续的噪声也会影响听觉器官，引起情绪的持续紧张，造成对中枢神经的不良影响，使反应迟钝；长时间的持续振动，会使驾驶员的视野、色觉的反应变差，注意品质和动作的准确性都会下降。

(3) 行驶速度。坦克行驶速度越快，驾驶员的反应时间越长；车速越慢，反应时间越短。从人的生理角度来看，车速越快，驾驶员的视野越窄，注视点越向远伸。由于驾驶员看不清视野以外的情况，情绪和中枢神经系统都处于相对紧张状态，导致反应时间变长。据测试，驾驶员在正常情况下，车速为40km/h时，反应时间为0.6s；车速增加到80km/h时，反应时间增加到1.3s左右。

2.3　驾驶操纵特性

从坦克基础驾驶技能训练角度讲，驾驶操纵主要包括"六大基本功"，即油门与离合器控制、换挡、转向、制动、对正方向、判断距离。前面已经分析了对正方向和判断距离属于感知特性的训练课目，因此驾驶操纵特性主要包括车辆的速度控制、转向控制、倒车停车等。驾驶员通过控制车辆操纵机构来实现期望车速、方向等，操纵特性主要是指车辆在运行过程中，驾驶员在各种情况下对车辆的控制能力，包括通过障碍物、限制路、坡道驾驶，加减速控制等。驾驶员操纵不当，容易造成动作差错。如由于受训不够、动作不规范造成的动作不到位或动作错误，以及经验不足造成的动作不协调等都会造成驾驶员操作失误。

2.3.1　驾驶动作行为

1. 离合器操作

离合器接合特性表明：离合器接合过程包括空行程 AB、离合器部分接合 BC、离合器完全接合 CD 三部分。其中，BC 部分是离合器主、从动盘滑动摩擦以及传递扭矩逐渐增长区，因此这部分行程中离合器抬起速度应放慢，避免产生较大冲击，而 AB、CD 部分为了减少摩擦功，应该迅速完成，此即离合器操作的"快 – 慢 – 快"三过程，如图2－2所示。其中，T_{cl} 为主离合器摩擦力矩。

在实际操作过程中，驾驶员在起车时一般前1/3行程为空行程，所以在松离合器时要快松到前1/3左右处，待车启动后再慢慢松，车速上来后再迅速松后面的行程,这就要求驾驶员准确找到离合器空行程和稳定车速 D、B 这两个点,把握平稳启车的要领。

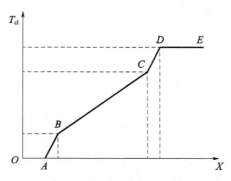

图 2-2 离合器接合示意图

2. 转向操作

驾驶员在高速行驶转向时,只能小角度逐渐调整方向。初学驾驶员对转向角度往往把握不准,小半径转向控制不到位,容易左摇右晃或向一面偏驶。对于使用二级行星转向机作为转向机构的坦克而言,主要是松操纵杆时提前量不够,容易在下坡道转向时产生反转向而造成事故。推、拉操纵杆要求驾驶员先快后稳,以减轻压板对摩擦片的冲击和摩擦片、制动器的磨损。分离转向时需要加油,主要是为了克服转向阻力及提高高速履带的运动速度,使两条履带形成较大的速度差,以达到转向目的。

3. 变速操纵

变速时机在判断车辆加、减速后,选择合适排挡,并保证发动机在使用转速范围内工作。一般情况下,按顺序换挡规则:当加速行驶时,$i_d = n + 1$;减速行驶时,$i_d = n - 1$。其中,i_d 为确定换入的排挡序号,n 为当前排挡序号。若考虑行驶车速与动力和阻力状态,按最佳排挡模型:当 $v_{i_{\min}} < v_t < v_{i_{\max}}$ 且 $P_{i_{\max}} \geq P_t$,则换入的最佳排挡序号为 $i_d = i$。这里,$v_{i_{\min}}$、$v_{i_{\max}}$、$P_{i_{\max}}$ 分别为车辆所选择的 i 挡最小行驶速度、最大行驶速度、最大动力值;v_t、P_t 分别为车辆当前行驶速度和给定地面阻力系数及转向半径 R_t 条件下的阻力值。低速挡换高速挡时,一挡换二挡短促加油法冲车至 800r/min 左右,三挡换二挡至 1500r/min 以上,二挡换三挡冲车至 1000~1200r/min,三挡换四挡 1400~1600r/min,四挡换五挡 1700r/min 左右;高速挡换低速挡时,一般减到发动机转速为 1200r/min 左右为宜。

4. 制动操纵

驾驶员对制动器的操纵能力对于坦克驾驶来说也很重要。驾驶员必须考虑制动距离、操作时间和可能滑行的距离,以便及时采取制动措施。考核驾驶员对制动器的操作时,分别考察一挡、二挡和三挡停车,通过制动地点与标志物误差 Δl_z 进行衡量,标志物前停车一、二挡停车误差超过 1m 记 1,三挡停车误差超过 2m 记 2,停车误差超过 3m 记 3,如果车头超过标志物记 5。

2.3.2 驾驶动作水平

通常通过驾驶操纵行为的准确性、连贯性、车辆行驶的平稳性来评价驾驶员操作技能。

驾驶操纵行为的准确性是指驾驶过程中,驾驶员是否按照驾驶规则操作,先后顺序是否正确,有没有漏掉或者多余的动作。驾驶员根据坦克驾驶标准动作进行操作,有两种情况需要考虑:首先是驾驶员所完成的组合动作数量和所要求的标准组合动作数量对比,看是否有遗漏动作,以反映驾驶动作的完整性;其次再看某个组合动作中动作元素之间的顺序,如果某个动作元素的前序动作没有在其前完成,可视为次序发生一次错误,记录次序错误次数或者在总组合动作数量中所占的比例。实际驾驶过程中,同一个驾驶员同一个操作模式会进行数次,而每次的操作动作不尽相同,因而可以取一次驾驶中统计平均值或者总数。

驾驶操纵行为的连贯性是指驾驶员在各个操纵组合动作中,各动作元素之间时间间隔。由于驾驶过程在某种程度上可以说是一项熟练性的工作,驾驶动作要求连贯,不拖沓。通常,组合动作中动作元素时间间隔越小,说明驾驶员动作越熟练。通常可用启车时间、换挡时间等指标来评判。

(1)启车时间。坦克启车是坦克由静止到运动的过程,是提高坦克运动速度的重要环节之一。采用定轴式机械变速箱的坦克,离合器把扭矩逐渐传给主动轮使坦克由静止到运动。启车时间规定为:驾驶员开始松离合器踏板(离合器踏板有开度变化的点)到车辆速度突变点(速度从零开始突变点),用 τ_s 表示。不同的驾驶员操作各不相同,因此启车时间也能反映出驾驶员的驾驶熟练程度。

(2)换挡时间。坦克在换挡时离合器的分离会使车辆的动力性受到损失,动力中断时间过长,不但影响车辆的加速性,而且影响车辆的平稳性。因此,换挡时间是能够反映换挡品质的综合性指标,好的换挡品质要求在平顺换挡的基础上,换挡时间要尽量少。换挡时间是指从离合器开始分离到离合器再次完全接合为止所经历的时间。它包括分离离合器的时间、摘挡时间、选挡时间、同步挂新挡时间和再接合离合器时间。计算换挡时间从离合器开始分离记起,到发动机转速和变速箱输入轴转速达到一致时为止。车辆常用换挡时间统计如表 2-6 所列。

表2-6 车辆换挡时间

换挡次序	1-2	2-3	3-4	4-5	5-4	4-3	3-2	2-1
换挡时间/s	2.58	1.74	1.75	1.68	1.72	2.03	1.86	2.14

2.3.3 车辆行驶平稳性

关于汽车平稳性,目前国外主要依据ISO 2631、BS 6841、6W吸收功率法等评判汽车平稳性。国家标准GB/T 4970—2009《汽车平顺性试验方法》是在ISO 2631—1997的基础上建立的。它规定试验时测量驾驶员坐垫上三个方向的线振动,以三轴向加权加速度均方根值的矢量和 a_{wo} 为评判指标。这种客观评判的方法需要考虑峰值因子、整车的振动和各向加权系数,主要借鉴国外的数值。

在坦克驾驶训练中,主要考核车速过渡过程的平稳性。坦克驾驶要求动作平顺、冲击小,以减少传动系统的冲击载荷和保证乘坐的舒适性;还要求发动机转速的波动量尽可能小,以提高发动机的寿命。对此,采用以下两项指标进行评判:换挡时车辆的冲击度 j 和换挡时发动机转速的波动量 $\Delta\omega_e$。

1. 换挡时车辆的冲击度

驾驶员舒适性是一种主观事物,不同的驾驶员感觉程度都不相同。但坦克加速度的变化越平滑,冲击度的峰值越小,换挡会越舒适。因此,可以用冲击度作为评判驾驶员舒适性的指标。这样不仅车辆振动和人体的感觉同步,而且可以把因道路条件引起的弹跳颠簸加速度的影响以及非换挡因素的影响排除在外,从而真实地反映操纵品质。对于车辆冲击度 j,各国的检测方式和评判标准不完全一致,德国推荐值 $j \leq 10 \text{m/s}^3$,苏联推荐值 $j \leq 31.36 \text{m/s}^3$。冲击度表示为车辆行驶过程中加速度 a 的变化率。采用速度二次微分法获取冲击度:

$$j = \frac{da}{dt} = \frac{d^2v}{dt^2} \qquad (2-2)$$

式中:a 为车辆纵向加速度;v 为车速。

2. 换挡时发动机转速波动量

发动机转速波动量反映换挡过程中发动机控制品质,用换挡前后发动机转速差表示,即波动量 $\Delta\omega_e = \omega_e - \omega'_e$。换挡过程中需要控制发动机目标转速,即

$$\omega'_e = \frac{i_{g(n+1)}}{i_{g(n)}}\omega_e \qquad (2-3)$$

式中:$i_{g(n+1)}$ 为目标挡位传动比;$i_{g(n)}$ 为换挡前挡位传动比;ω_e 为换挡前发动机转速;ω'_e 为发动机目标转速。

一般情况下,控制发动机波动量在 200r/min 以内,越小越好。

2.3.4 操纵特性影响因素

1. 驾驶摩托小时

驾驶员与驾驶操纵系统是一种动态回馈关系,随着驾驶摩托小时的增长,驾驶员的基础技能、感知能力与安全意识逐渐丰富,同时一些生理、心理与技能不符合基本要求的也被淘汰,逐步形成驾驶经验。

2. 理论学习程度

驾驶任务是一项技术性很强的劳动,应了解坦克构造原理以及行驶理论,通过训练形成正确的操作要领,要头脑清晰,能随时应对战场威胁度及限制路障碍路,而得到这方面知识的快慢程度则取决于理论学习程度。

3. 心境、激情、应激情绪

心境是指一种比较微弱而持久的、能影响人的整个精神活动的情绪状态。一个人处于喜悦的心境时,对其他事物也会产生愉快的情绪,反应敏捷。心境不佳时,常不能集中精力,反应迟钝。

激情是指一种强烈而短暂的、迅速爆发的情绪状态,如狂喜、愤怒、恐怖、绝望等。驾驶员产生激情时,由于大脑皮层活动的剧烈变化,或强烈兴奋,或普遍性抑制,使认识范围狭小,判断能力降低,自我控制减弱。驾驶员在激情状态下驾驶坦克,导致反应速度、正确性及准确性降低,容易贻误战机。

应激是指出乎意料的紧张情况所引起的情绪状态,有两种表现:有经验的驾驶员能急中生智、头脑清醒、反应敏捷、动作准确,及时摆脱险情;缺乏训练的驾驶员会恐惧惊慌、手足失措反应迟缓、操作失误,容易贻误战机。

2.4 驾驶技能迁移特性

驾驶训练中,有从未接触过车辆从头开始学起的新学员,也有好多有一定车辆驾驶经验,但因为岗位变动需要重新学习的老学员。驾驶技能迁移理论适用于不同车型驾驶员之间的技能训练。技能训练中,参训人员已掌握的技能可以影响另一种新技能的学习,各个技能之间可以产生相互作用,这种影响和作用称为技能迁移。技能迁移的实质是运动条件反射。建立条件反射时,必须有一定的条件刺激,不同的条件刺激会产生不同的条件反射,在相似的条件刺激出现时,就会刻板式地产生以前所形成的条件反射。如果新旧两种运动技能的基本动作结构和顺序相同,只是动作细节不同,此时在学习新动作技能时,大脑中原先已经建立的运动条件反射会转变成为建立新运动技能条件反射,乃至新运动动力定型的基础。相似刺激引起相似反应,运动技能的正迁移随之发生。因此,技能迁移在心理学上定义为"一种学习对另一种学习的影响",生理学上通常解释为"人的大脑皮层在两个运动动力定型之间的应答性反射过程"。

坦克驾驶是一种以驾驶动作为外在表现的融合感知和决策技能的综合体现。各类驾驶动作的学习和掌握过程由内在的信息感知、规划决策和外在的肢体操作共同实现。新装备的驾驶动作训练过程中,大脑会自动提取所存储的其他装备的驾驶技能记忆,并与新的驾驶技能进行比较,如果已学过的驾驶技能与新学的驾驶技能在信息感知形式、信息感知结果、规划决策过程、驾驶动作结构、驾驶动作顺序等方面具有相似性,已有的驾驶技能动力定型便能迅速地提取,通过大脑皮层的指挥,利用原有知识和技能使身体各部分迅速学习并完成原本已经比较熟悉、多次操作过的似曾相识的动作。从当前不同型号地面车辆驾驶训练内容看,无论是信息感知、规划决策还是驾驶动作、车辆反馈效果看,都具备一定程度的相似性,多数技能均可以迁移至新装备的驾驶技能学习。技能迁移理论是当前利用各种模拟训练器材和老旧装备代替新装备开展驾驶训练的理论基础。技能迁移具有正迁移、负迁移、交叉迁移等特点。只有从科学层面出发研究迁移规律,充分利用正负迁移规律,增加正迁移的发生,才能缩短学习和掌握技能的时间,快速提高技能水平。

2.4.1 驾驶技能正迁移

要想实现驾驶技能的正迁移,训练中需注意以下环节:

(1)感知技能的正向迁移需要感知环境的高度相似。前面把驾驶技能中的感知技能区分为空间感知、速度感知、环境感知,训练这些技能时,均需要依赖一定型号的训练装备,需要提供固定的感知训练环境,通常为坦克驾驶室及其所安装的潜望镜。只有两种型号装备的驾驶室和潜望镜布局与结构基本相似,两种型号的驾驶感知技能才能完全地正向迁移。例如,我军多数坦克,驾驶室均在左前方,潜望镜相对于驾驶室和车体布局相似,驾驶员的视野视角基本相似,因此驾驶员在退役坦克上获得的感知性能完全可以迁移到新型坦克驾驶经验中,换句话说,已经具备退役坦克驾驶技能的驾驶员,在感知技能训练方面,可以直接驾驶新型主战坦克。但是,汽车驾驶员在汽车驾驶室所获得的感知技能能否迁移到坦克驾驶中呢? 由于视野的不同,对车体前方障碍物的距离判定可能需要重新训练,但是对于车速的动态感知、道路坡度的感知,可能会具有一定的相似性,所以对于汽车驾驶员,如果转变为坦克驾驶员,则需要进行补充训练或者在感知技能方面进行适应性训练。目前,感知训练环境相似程度和感知技能的迁移比例之间的定量关系,尚缺少系统性的定量研究,是今后一个时期内驾驶训练研究的热点问题。

(2)操作技能的正向迁移需要操作形式和操作顺序的高度相似。驾驶动作主要是指对油门踏板、制动踏板、挡位手柄、转向杆等操作件所采取的连续协同的各种动作。如果两种车型的各操作件布置位置、运动形式相同,对于换挡、制动等基本操作动作的协同顺序相同,那么,两种车型的驾驶技能完全可以正向迁移。对于手动挡的车辆,无论汽车还是坦克,操作件均包括左脚的离合器踏板、右脚左侧的制动踏板、右侧油门踏板、右手边的换挡手柄。基本换挡驾驶动作顺序均是:加油冲车、踩离合器、摘低挡、换高挡、结合离合器、加油。所以这一换挡技能不仅在结构相同的坦克驾驶内可以迁移,而且在手动挡的启车和坦克驾驶间也具备正向迁移的条件。在驾驶技能训练初期,由于每一学员在教练车上的训练时间有限,为了尽快让学员早一天掌握好每一个动作,可以在驾驶模拟器上训练或空手做训练,充分借鉴在此所形成的部分技能,将此迁移到实车驾驶训练中,以缩短学员在车上的训练时间,提高学习进度。

决策技能的迁移条件是触发条件和决策过程基本相似。各类驾驶行为,都是感知一定外界条件后,通过决策选择合适的驾驶行为。例如,跟车驾驶,是一类典型的驾驶行为,某一车速下,当车辆与某障碍物距离小于某一数值时,驾驶员就会采取减速或者刹车动作。跟车技能在大脑中体现为当前车速、与前方障碍物距离和触发刹车动作之间的关联性。对于这一抽象的决策过程,几乎所有车型的合格驾驶员都具备这一抽象决策的能力。因此,这种决策技能,是可以在不同车型驾驶员之间实现正向迁移的。

2.4.2 驾驶技能负迁移

汽车驾驶技能负迁移的例子有很多。例如,有的人开小型车用一脚离合器换挡,由于小型车大都装有变速器同步器,这样做是正常的。但是当增驾学习大型车需用两脚离合器换挡法时,则增加了难度。需要充分对比两种技能在动作方式上的差异,严格按照新动作程序,加强练习,强化训练,力排干扰,才能从旧技能中解脱出来。但是,由于坦克各操作件的布置位置、操纵力大小、各操作件的运动轨迹(主要是指换挡手柄的运动轨迹)与汽车换挡操作有一定的差异,因此从汽车驾驶员开展坦克训练时,需要对这些差异之处进行差异性的强化训练。

汽车转向驾驶技能向坦克转向驾驶技能迁移时,容易出现负迁移的现象。由于汽车均是在城市硬化路面行驶,转向时为避免侧滑,均是减速行驶。但是履带车辆,靠两侧履带速度差转向,转向所需要的牵引力为直线行驶的10～20倍,因此,需要加大油门行驶。油门过小、牵引力过小,车辆不会转向。好多学过汽车驾驶的学兵,在驾驶履带车辆转向时,往往不敢加油门,导致履带车辆不转向,需要强化训练。

另一个比较常见的例子是挡位盘的布局。如果两种运动技能结构相似,而速度方向相反,而已有运动技能的条件反射完全建立并形成巩固的动力定型。由于新学运动技能在速度或者方向相反,或者速度、方向都相反,导致初学者知觉、表象等都出现差错,从而发生负迁移。手动挡驾驶的坦克,为王字形布局,一般汽车或者自动挡坦克,布局有所不同,需要强化记忆当前所学车型的挡位位置,避免挂错挡。

2.4.3　技能迁移影响因素

相似的训练器材、训练条件、训练场景可以触发已具备的驾驶技能向新装备驾驶技能迁移,从而达到对新装备训练节约时间、提高效率的目的。但是,随着装备升级换代速度的加快,装备性能的迅速提升,老装备和新装备的性能、结构之间,总会存在一些差异,导致一些驾驶技能不能完全正向迁移,这时,需要通过一些强化训练手段弥补新装备技能训练缺陷,避免出现驾驶技能的负迁移,即原来的驾驶技能影响新技能的形成。利用驾驶椅、模拟器、教练车、老旧装备开展新装备的代装训练是当前驾驶训练常见的训练手段,训练过程中,应尽可能强化与新装备驾驶技能相符合的正迁移训练,减少和防止驾驶技能的负迁移发生。

正迁移的发生数量和质量在相当程度上来自学员对原有技术技能的巩固程度,原有技术技能越巩固,正迁移的发生数量和质量就可能越多越好,因此要对学员原来的技能水平有所了解和掌握。若在对原有技术技能巩固之前就开始学习和练习新技术技能,负迁移的发生很难避免,其结果一方面是新技术技能无法学会和掌握,另一方面是尚未巩固的原有技术技能都可能逐渐消退,事倍功半,甚至事倍功无。

对运动技能的精确定义有助于学员提高分析和概括问题的能力。运动技能的概念反映了动作技能的内在规律,精确的定义概念可以甄别和区分看似类似、但实质不同动作技能之间的差异,了解新旧运动技能之间的共同点和不同点,准确应用正确的练习和训练手段、方法,有效防止运动技能的负迁移,同时充分利用正迁移规律,促进新运动技能的形成和掌握。因此,学员对运动技能的概念越精确,有利于运动技能形成的迁移就越容易出现。

坦克驾驶训练中,哪些技能可以迁移,哪些技能不容易改变是需要研究的课题。以感知技能中的判断距离为例,这个技能的形成较为困难,习惯不太容易改变。开小型车的人,很不容易开大车,所以我国的驾驶证区分为 A、B、C 等,从 C

本向B本跨越,需要增训部分课目。当然,习惯开大货车的人,对于小车小空间,也容易判断不准确,需要适应性训练。而在直线行驶中,加速性和制动性的感知比较容易迁移,跟车辆大小没有关系。动作顺序比较容易迁移。

2.5 小结

根据S－O－R行为模型,将驾驶过程中驾驶员信息处理过程分为感知、决策和操纵三种行为。本章分析了感知特性中所包含的空间知觉、速度知觉、环境感知,决策特性中所包含的反应能力、注意品质,操纵特性中所包含的操作行为、操作水平等子指标的含义及其影响因素,并分析了驾驶技能的迁移特性,为教练车功能需求分析和代装训练提供需求与输入。

第 3 章 驾驶教练车总体设计

根据外军采用同型号坦克底盘研制坦克驾驶教练车的技术特点,结合几十年来坦克驾驶训练中的实际需求,研制坦克驾驶教练车应满足两类基本能力要求:一类是对车辆底盘的能力要求,坦克驾驶教练车应具有与同型号坦克底盘基本相同的通过能力、机动能力、操纵能力;另一类是对教练指控手段的能力要求,坦克驾驶教练车应具有教练员对车辆的指挥能力、监视能力和超越驾驶员的停车制动能力。

3.1 训练系统需求分析

3.1.1 训练系统功能分析

将驾驶技能分解为感知、操作和决策三个指标,并对每个指标进行详细分析,可以对驾驶技能有更系统、更深入的理解。各类驾驶技能的获取,都依赖一定的装备或者训练条件,尤其是我军的装甲车辆驾驶技能,都要结合具体的装备型号,如 59 式坦克驾驶员、63 式装甲车驾驶员等,驾驶员通过操作对应型号装备内的相关部件,锻炼并提高自己的驾驶技能。下面重点分析获取上述各类驾驶技能所依赖的装备部件或者分系统,实现驾驶教练车研制从训练需求到部件功能(性能)的转换。

1. 感知技能获取

感知技能作为驾驶行为的输入条件,包括环境感知、方位感知、速度感知等,感知技能训练的核心目的在于确立本车在行驶环境中的相对位置关系。坦克开窗升座驾驶时,驾驶员各种感知技能可通过把头伸出驾驶窗车外获得,而在关窗降座驾驶中,感知技能只能通过驾驶员观察镜(潜望镜、夜视仪)获得。因此,驾驶教练装备设计时,驾驶窗相对于车体边廓线的位置、观察镜的安装位置、观察镜的性能对感知能力培养十分重要,将直接影响驾驶员在型号装备驾驶中感知技能的训练效果。

车内工况感知的训练重点在于培养驾驶员对车辆(发动机转速、油温、水温)仪表的观察习惯,对异常工况和各种报警信息的识别能力。因此,车内工况感知的训练条件依赖于驾驶室内各仪表的布局和显示形式。针对某型号主战装备开展教练车设计时,仪表布局与显示形式等人－机－环要素和布局应该与对应主战装备基本一致。

车辆行驶速度、转向速度感知一方面依赖于驾驶员通过观察镜所获得的直观感觉,另一方面依赖于驾驶员完成某一驾驶动作后的车辆动态反馈,如换挡后所感知的行驶速度变化,转向操作时所感知的车辆转向角速度和方位角变化等。因此,如果要求教练装备和主战装备具有相同的工况感知技能,不仅说明该教练装备与主战装备具有相同的观察设备,而且在相同的操作要领下,两类装备应具有相同的动态反馈能力,即两个装备的机动性能应基本一致。

2. 操作技能获取

装备操作技能的培养与各操作件的位置、操作方式、操作顺序,甚至操作力有关。坦克驾驶动作技能主要包括换挡、转向、制动、油门控制4类驾驶行为,对应着挡位变速杆、方向盘(或转向操纵杆)、制动踏板和油门踏板典型操作件,部分车辆换挡操作需要离合器踏板配合。如果希望通过教练装备获得与主战装备相同的操作技能,则教练装备中各操作件,即挡位变速杆、方向盘(或转向操纵杆)、制动踏板和油门踏板等,其安装位置、操作形式、驾驶协同动作中的操作顺序和操作力应该与主战装备基本一致。

广义的操作技能不仅包括换挡、转向、制动、油门控制等基础驾驶训练动作,还包括发动机启动方式选择,机油泵、加温器等各种车载设备使用操作等,这些技能可以通过操作车内仪表盘或控制面板上的按钮来获取。再加上获取感知技能所依赖的车外观察、车内仪表等设备,可以认为:驾驶员感知技能和操作技能主要通过车辆驾驶室的人－机－环交互界面来获取。教练装备研发时,为了保证驾驶员获取同样的感知技能和操作技能,其驾驶室内人－机－环交互界面应和主战装备保持基本一致。

3. 决策技能获取

决策技能主要是指驾驶员感知到行驶环境、车辆方位和运动速度等参数后,头脑中通过选择、判断,合理规划车辆下一步行驶路线,并进行车辆操作的过程。决策技能训练是在感知技能和操作技能基础上进行的思维训练,既可以依赖装备基础条件,也可以在完全虚拟的软件环境中进行。其不是教练装备设计的重点内容,本书暂不做深入分析。

3.1.2　训练系统技术指标

为实现教练装备代替主战装备训练功能,结合驾驶训练的核心能力需求,坦克驾驶教练车应和对应的主战坦克具备相同或者相似的外廓尺寸、观察性能、操控性能、机动性能、通过性能等技术指标,以培养驾驶员对主战装备的感知能力、操纵能力和决策能力。

1. 外廓尺寸和观察性能

驾驶教练车应与同型号作战坦克具有相同的车辆外廓尺寸,包括车辆长、宽、高等几何参数以及车体外形轮廓,以满足驾驶员对车辆轮廓线的方位感知要求,以及车辆对障碍物和限制路的通过要求。具有相同的驾驶窗观察能力,包括潜望镜的视场、视界、安装位置等参数,以满足驾驶员对车辆行驶环境和车辆方位的感知要求。应具有相同或相似的机动性能,以培养驾驶员的速度感知能力;应具有相同或相似的车内仪表显示形式,以培养驾驶员对车内工况的感知能力。

2. 操控性能

教练装备与同型号主战坦克应具有相同的操控性能,包括挡位、油门、制动、转向等操作件的安装位置、操作形式、操作力等,还包括车内其他与驾驶相关的驾驶控制面板、开关按钮的位置布局、操作方式等,以使驾驶员获得相同或者相似的驾驶感受,实现同型号主战坦克的驾驶动作要领,准确完成换挡、制动、转向、方向对正、距离判定和油门控制等车辆操控的训练要求。

3. 机动性能

教练装备与同型号主战坦克应具有相同的机动性能,包括加速性能、转向性能、通过性能等。加速性能主要通过单位功率、加速性、越野平均速度等参数体现;转向性能主要通过车辆转向中心、转向半径、转向角速度等参数体现;通过性能主要通过车底距地高、履带中心距、履带着地长、接近角、离去角等参数体现。相同的机动性能参数可以满足教范中对基础驾驶、坡道驾驶、道路驾驶、应用驾驶、山地驾驶和部分特种条件驾驶的实车训练要求,满足训练时驾驶员对车辆行驶速度、转向速度等性能动态感知的需求,可以验证驾驶员所做各种驾驶动作决策的正确性,培养驾驶员感知、操纵、决策等驾驶行为的全过程,全面培养驾驶员驾驶技能。

3.1.3　驾驶训练课目规划

坦克驾驶教练车主要编配于各训练单位,遂行坦克实车驾驶训练任务。坦克驾驶专业技能训练中,可以先期采用坦克驾驶教练车开展驾驶训练,用于培养驾驶员熟悉驾驶操纵环境、掌握驾驶动作要领,具备基本驾驶技能,之后可以换用同型号主战坦克进行适应性训练,即可形成主战坦克的驾驶能力。

在实车驾驶训练中,按照专业技术教范规定,可承担以下驾驶训练任务。其包括:①低速挡、依次换挡、重难点动作和各种速度等练习科目的基础驾驶训练;②上坡、下坡和侧倾坡的启车、转向、换挡、停车,以及复杂条件下坡上驾驶情况处置等练习科目的坡道驾驶训练;③通过宽度判断限制路、直线桩间限制路、下坡桩间限制路、"S"形限制路、车辙桥、土岭、弹坑、断崖、崖壁、双直角限制路、上坡定点停车和启车等练习科目的限制路及障碍物驾驶训练;④通过凹凸地段、地雷场通路、"T"形限制路、200m 增速地段、居民地、铁路道口、交叉路口、涵洞和隘路等练习科目的道路驾驶训练;⑤夜间的道路、通过限制路及障碍物等练习科目的夜间驾驶训练;⑥自救和牵引、指挥进出车库、上下模拟装载平台、上下铁路平车、上下坦克运输车、上下登陆舰(艇)、上下门桥等练习科目的应用驾驶训练;⑦通过较平坦的山路、天然障碍物、短而陡的上下坡、侧倾坡、急转弯、盘山道、山涧河床等练习科目的山地驾驶训练;⑧涉水、水网稻田地、冰雪地、沙漠地和戈壁地、海滩地等练习科目的特种条件驾驶训练;⑨按照坦克分队装备编配要求和指定的行军路线开展的分队行军驾驶训练。

3.2 教练系统需求分析

同主战坦克相比,教练装备的最大特色是增加了教练员席位,增设了各种教学辅助设备,形成了一个由教练员、驾驶员和车辆等要素组成的具备交互功能的教学平台。借鉴较为成熟的飞机教练室设计方案,把教练员职责科学地划分为观察、指导、评估和干预 4 个模块,分别设计对应的辅助教练系统,并集成在教练室内,作为教练室设计的主要内容。

3.2.1 教练机教练功能分析

成熟的飞行员训练体制中,教练飞机主要具备以下功能特点。

(1)布置有专门的教练员座舱。教练机中教练室的布局有串列座舱和并列座舱两种,筛选教练机一般选择并列座舱布局,这样飞行教员需要尽量直接观察飞行学员在不同飞行动作下的心理、生理表现,从而判断该学员是否有潜力完成后续飞行训练。战斗机专业初级和高级教练机一般选择串列座舱,因为战斗机飞行员需要养成单舱飞行习惯和座舱资源管理能力。

（2）具备飞行环境的观察能力。后舱前方下视野非常重要，特别是没有经验的飞行学员容易在着陆过程中出现判断错误，飞行教员可以通过后舱前方下视野结合两侧外部视野，准确判断学员的操作正确与否，及时纠正错误、确保安全。

（3）具备对驾驶员操作的观察能力。教练机座舱内设置有多个摄像头，记录飞行学员在座舱内的生理和心理表现细节，便于飞行教员直观分析教学效果，及时调整教学方法，促进学员养成正确习惯。

（4）具备超越驾驶员对装备的操作能力。采用串列座舱布局的教练机，前后舱的驾驶杆一般是联动的，后舱可以控制前舱驾驶杆，便于后舱飞行教员在空中教学中及时阻止飞行学员的错误操作，或者在飞行学员无法操作时接管飞行，把控飞行安全。

（5）教练室具备故障设置功能。飞行教员可以在飞行中按需设置虚拟飞机故障现象，产生与真实故障相同的声光刺激，锻炼学员应急反应的心理能力和处置故障的技术能力。

（6）突出安全性设计。除了串行操作、随时接管，还有一些特殊的辅助操作。由于飞行学员容易出现粗暴操作和"错、忘、漏"技术要领的情况，所以在专业教练机的设计中需要着重考虑避免出现危险情况、防范重大事故发生。例如，为了避免飞行学员心情紧张时的无意识多余动作产生的误操作，驾驶杆通常采用较大启动力矩和较重杆力；当飞行学员经验积累到一定程度，可以进行战术武器训练时，为实现快速精确操控，驾驶杆又要采用较小启动力矩和较轻杆力。

3.2.2 教练系统功能分析

借鉴飞机教练室设计方案，考虑驾驶训练组织及实施要求，教练车同样需要设置专门的教练室，为教练员提供专门作业席位，并实现教练员观察、指导、干预、评估驾驶员操作等功能。

1. 教练员观察功能

驾驶员都是新学员，驾驶技术不熟练，存在一定安全隐患，因此教练员需要全面观察车辆的行驶环境、车辆状态和驾驶员动作。车辆行驶环境一般通过教练员潜望镜实现，要求教练员应具备与驾驶员同等水平或者更为广阔的道路观察能力，确保行车路线正确；车辆工况一般通过车内仪表实现，要求教练员处布置有能够监测车辆运行状态的各类仪表，包括机油温度表、机油压力表、发动机转速表、车速表等，避免车辆运行中教练员无法感知车辆所发生的故障；由于坦克采用隔舱化总体布局，驾驶员操作一般通过在驾驶室安装摄像头实现，用于发现驾驶员错误动作，评估训练效果。

2. 教练员指导功能

教练车作为一个连接教练员和驾驶员的教学训练平台,教练员需要和驾驶员不断沟通,并及时指导驾驶员动作。当前我军坦克主要通过电台和车内通话器实现车内沟通,由于坦克行驶环境恶劣,发动机、传动装置、行动装置均会产生较大噪声,加上驾驶过程中新训驾驶员精神紧张,很难分辨出教练员指挥语音并做出及时反应,车内通话效果不能满足教学要求;另外,在我军长期训练中,教练员形成了一整套手势、灯光等方便快捷的驾驶指挥信号,需要充分利用现有成果,增加至教练车中。考虑上述需求,需要单独设计具备教练员指导功能的辅助指挥系统,以满足教练员实时指挥车辆前进、转向、制动等功能需求。

3. 教练员干预功能

训练中,当驾驶员做出错误动作,导致车辆或乘员生命危险时,教练员应有足够的技术手段,超越驾驶员操作,全面接管并控制车辆。例如,教练飞机,一般采用联动装置串联前后舱驾驶杆,后舱可以随时控制前舱驾驶。汽车教练车中,一般都安装了超越驾驶员的紧急制动系统,以便于车辆行驶遇到紧急或突发情况时,教练员能够超越驾驶员实施快速停车。坦克驾驶教练车中,教练员干预功能同样体现为危险状态下,能够超越驾驶员及时停车,但由于坦克作为重型战斗车辆,车内空间有限,行驶惯性较大,对超越停车系统的设计有较高的技术要求。

4. 驾驶技能考核评估功能

考核是评估训练水平、发现训练错误的必要环节,是教练员观察、指导驾驶员动作后的必需工作。为了对驾驶技能水平作准确评估,需要事先记录驾驶员动作过程,因此需要在教练车上安装能够采集记录驾驶员操作动作的传感器和信息采集软件,并能够基于所采集的驾驶员操作、车辆工况等数据以及教练员人工输入数据这些信息,对驾驶技能水平做出准确评估,包括能在训练中对油门、挡位、转向、制动等操作和车辆行驶平顺性等状态信息,以及换挡时间、转速波动量和车速变化冲击度等内容进行评估;结合训练课目,能够对驾驶动作要领运用的正确性、驾驶技能的熟练性,以及达到的驾驶等级标准等进行评估。

5. 教练室设置要求

综上所述,驾驶训练中,教练员的观察、指导、评估、干预功能主要通过教练员潜望镜、教练室仪表(区别于驾驶室仪表)、驾驶员动作观察系统、教练员辅助指挥系统、教练员超越停车系统、驾驶技能考核评估系统等软硬件系统来实现。上述系统的人机界面和操作接口,都需要安装在教练室内的合适位置。因此,非常有必要在驾驶教练车内设置专门的教练室,作为教练员席位。当然,基于主战坦克主体而进行的教练车改装设计中,教练室既可以选择现有坦克舱室进行改装,也可以重新开设。

3.2.3 教练系统技术指标

驾驶教练车设计中,对教练系统所具备的能力要求总结如下:

(1)观察能力。具有与驾驶室基本相同的观察能力,能够满足驾驶教练车驾驶训练使用需求。

(2)监视能力。具有实时观察驾驶动作和发动机工况等信息的能力,能够满足教练员监视驾驶动作过程和发动机工作情况的使用需求。

(3)指挥能力。具有教练指挥能力,能够满足教练员实时指挥车辆转向、车速控制和制动停车等使用需求。

(4)超越停车能力。在车辆行驶遇到紧急或突发情况时,教练员可超越驾驶员快速停车。

(5)训练水平评估能力。通过对驾驶动作信息的数据采集和回放,能够全程展现驾驶员操作要领的执行情况;通过对驾驶过程中产生的数据综合分析评估,能够判定驾驶技术的熟练程度。

3.3 教练车总体设计

装甲车辆总体设计是指为综合实现装甲车辆战术技术指标所进行的方案设计,主要包括技术方案和总体布置。技术方案一般包括主要部件选型分析和理论设计计算两部分内容,总体布置是指总体方案的布置(驾驶室、战斗室、动力传动室等在整车的安排与划分)和各舱、室内部的布置,以及所采用主要部件的大体结构及其布置,决定全车外形尺寸,估算质量和重心位置等。总体设计是一个系统工程,是装甲车辆的顶层设计,如何将众多产品的结构和性能进行匹配,以达到一个最优的总体性能,是总体设计的根本目标。

3.3.1 概述

装甲车辆的设计类型主要有:基准车型的变型设计、基准车型的改进设计和新车型设计三种。

(1)基准车型的变型设计。基准车型的变型设计是指利用基准车型的部件,通过重新改变基准车辆的总体布置,添加或改变少数部件,成为一种新型号来满足新需求的设计。根据任务要求,常以原来车型为基准型,利用其底盘改变局部设计,特别是通过改变总体布置、主要武器、火控系统及战斗室的布置,增加或改变少数部件,来得到新用途的变型车。若干种变型车和原来的基准型共同成为一个产品系列,或称为一个车族。实际上满足不同用途的同一底盘,各有不同的作业装备就各有不同的型号或名称,这样给生产或使用都带来了方便,也比较经济。

(2) 基准车型的改进设计。基准车型的改进设计是渐进式发展,是产品改进而不是产品更新。在设计定型以后的成批生产和使用过程中,设计人员可以根据生产和使用过程中出现的一些工艺问题、结构问题和质量问题等开展进一步的研究工作,不断完善产品的性能,提高产品的质量,直到停止生产之日才能彻底结束修改工作,通常称为产品图纸的管理工作。此外,也可能会出现一些可供采用的新部件、新元件和新材料,技术发展也会提供一些新的条件,特别是针对主要武器及火控系统、动力传动及其控制系统、装甲防护系统等进行改进设计,成为原车的改进型。例如,原来称为 I 型,现在改进以后就区别为 II 型,以至将来再改进为 III 型等。

基准车型的变型设计和改进设计这两种方法,因为整个底盘或主要部件已得到考验,设计和生产已有基础,所以设计、试制、试验、投产都较为迅速、简便,成功的把握大,出现的问题少,获取新车既快又经济。特别是使用原型车和变型车部队的行军速度、适用范围和条件相同,因此对于使用变型车辆,无论训练、作战还是后勤和技术保障都得到了简化。但是,基准车型的改进所达到的性能水平是有限的,所解决的使用和生产之间的矛盾是暂时的。随着技术水平,尤其是潜在敌人的装备水平的不断提高,原车型越来越不能满足发展的需要,而技术水平又提供了比较彻底地改变旧结构来提高战术技术性能的可能,这就需要设计新一代的车型。

(3) 新车型设计。当车重相差悬殊,或变型设计会使车辆性能很不合理,而新车的需求总数量又相当大时,才适于另外设计新的车型。新车型设计工作量较大,得到新车需要的时间较长,但性能上的迁就和限制较少,故能达到更高的水平。当然,此时也应该争取使部件、零件和一些装置通用化或系列化。

3.3.2 教练车设计原则

针对当前坦克驾驶训练的实际,以创新研制驾驶教练装备为目标,按照构设设计理念、规范设计功能的步骤,创新开展地面作战教练装备基础理论研究,提出了训练要素相似性、教练手段集成化、训练记录数字化、考评分析智能化的教练车设计原则。

1. 训练要素相似性

为实现教练装备代替主战装备训练功能,结合驾驶训练实践经验和技能要求，对主战装备技术性能参数进行优选，筛选出外廓尺寸、观察性能、操控性能、机动性能、通过性能5项与驾驶训练技能密切相关的性能参数，作为教练装备训练总体设计的基本约束，要求教练车研制过程中，上述性能参数应与主战装备的性能参数保持一致，以满足其代装训练和"学"的功能要求。

2. 教练手段集成化

考虑驾驶训练组织及实施要求，教练装备设置驾驶员、教练员和观摩学员三个席位，围绕组训流程开展各席位功能设计。把教练员功能归结为"教"和"观"两项，对外观察行驶环境，确保行车路线正确；全面监控车辆工况，必要时超越驾驶员制动停车，确保行车安全；观察、指导、评估驾驶员操作，实现行车过程中的教学交互。为实现上述功能，需要在教练装备有限空间内增设教练室，为教练员提供作业席位，并研发适合于教练员席位的对外观察、安全监控、超越制动、驾驶指挥、训练监视等教练指控手段。

3. 训练记录数字化

全面记录训练数据、实时分析训练效果是提高训练效率、实现针对性教学的重要手段。传统坦克驾驶训练中，教练员只能人眼观察驾驶员动作或车辆位置，给出指导意见，主观性较大，且不能回放再现。为提高教练装备信息化水平，满足训练数据记"录"的要求，在当前装甲车辆综合电子技术体制基础上，基于总线技术，构建了驾驶教练车信息采集系统功能需求，对所有驾驶动作件（启动开关、油门踏板、离合器踏板、制动踏板、变速挡位、转向操纵杆等）加装动作状态传感器，对驾驶员操作习惯加装视频监控，对所有工况仪表参数（机油压力、机油温度、冷却液温度、车速、发动机转速、车辆位置等）进行数字化，形成能够实时记录驾驶员训练过程和装备工况的教练装备，全方位、全过程地记录并存储驾驶员训练数据，为教练员随时观察、回放、评估驾驶员动作提供了技术支持和数据基础。

4. 考评分析智能化

传统坦克驾驶训练中，教练员在指导驾驶动作、确保行车安全的同时，很难兼顾训练成绩考评功能。通过安装教练车实时信息采集系统，可全面记录驾驶员训练过程和装备工况。在此基础上，通过开发离线驾驶训练评估系统，实现驾驶行为模式识别、驾驶技能机器学习、训练考核智能评估等软件功能，为教练员提供训练效果"评"估信息和各类统计信息，提升驾驶训练的智能化水平。

3.3.3 教练车总体布置

如前所述，教练车总体布置是指总体方案的布置（驾驶室、战斗室、动力传动室等在整车的安排与划分），以及各舱、室内部的布置，所采用主要部件的大体结构及其布置等。当前我军坦克驾驶教练车设计,主要采用以退役装备为基准车型的变型设计,如利用退役坦克改制各种新型驾驶教练车。变型设计中,只要能满足目标车辆功能,应尽可能少地对原基准车型进行改动。

坦克驾驶教练车采用驾驶室和教练室前置、教学观摩室居中和动力舱后置的总体布置方案,整车主要由改制底盘及模型炮塔、教练指控装置、超越停车装置等组成。按照部位,车内从前到后、从左到右依次可分为驾驶室、教练室、教学观摩室、动力舱。驾驶室位于车辆前部左侧,教练室位于车辆前部右侧,教学观摩室位于车辆中部,动力舱位于车辆后部,整车布置如图3-1所示。

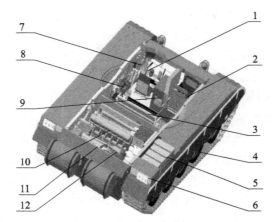

1—驾驶室;2—教练室;3—教学观摩室;4—行动部分;
5—蓄电池室;6—灯组;7—操纵装置;8—超越停车装置;
9—信息采集装置;10—动力舱;11—液压助力油箱;
12—助力油泵和空气压缩机。

图3-1 坦克驾驶教练车总体布置

(1)驾驶室。采用原基准车型驾驶室作为驾驶教练车驾驶室,布置在车辆前部左侧,驾驶室内环境按照主战坦克驾驶操纵环境进行设计。安装有供驾驶员驾驶车辆用的操纵装置、观察装置、检测仪表以及驾驶椅,采用战斗坦克的驾驶椅、潜望镜、驾驶仪表板及传感器、操纵装置等,实现在驾驶员观察视野视角、仪表观察习惯、驾驶动作环境和操纵感受等方面保持与战斗坦克一致。驾驶椅右后侧顶部安装了用于观察驾驶员动作的监控摄像头。车体首上甲板下部装有高压空气瓶,首上甲板上部镜座里安装有驾驶员潜望镜,夜间驾驶时,可取下昼用潜望镜,安装夜视仪。驾驶员窗口左侧甲板上有进排气百叶窗操纵装置,窗口右侧顶板下部装有仪表和驾驶员用车内通话三号盒。

(2)教练室。针对与主战坦克不同的教练员功能和教练室设置要求,在车体首前部右侧新开设教练室,教练室底甲板上安装教练员座椅,舱室顶部开设舱门,安装教练员潜望镜,教练室内安装相应的驾驶员动作观察系统、教练指挥装置、超越停车装置、驾驶员动作信息采集与考评系统等。

(3) 动力舱。采用原基准车型动力舱布局,采用基于发动机、主离合器、定轴式机械变速箱及行星转向机的动力传动方案,在原基准车型的变速箱上加装液压泵,实现主离合器和转向操纵的液压助力;在变速箱上加装空压机,实现发动机高压空气启动和超越停车高压空气的供给。为将定轴式变速箱改装成具有与行星变速箱基本一致的变速能力,利用现有成熟技术,采用电液操纵变速方案。顶盖安装有进排气百叶窗和动力装置的冷却系统,通过可掀起的油、水散热器,进行检查与维护。

(4) 观摩室。去除坦克炮塔及相应的武器系统,将战斗室改装为教学观摩室。后部加装观摩人员座椅(学员/学兵),搭载同车组学员进行观摩;布置坦克通信控制盒,实现与教练室的语音通话;观摩室顶部开设炮塔门,供观摩学员出入;周边安装部分钢化玻璃,增加教学观摩室内的照明亮度。

3.3.4 教练车技术方案

按构造划分,教练车由模型炮塔(炮塔主体、模型身管)、改制底盘(车体、动力装置、传动及操纵装置、教练指控装置、行动装置、电气设备、灭火装置)组成。如图 3-2 所示。

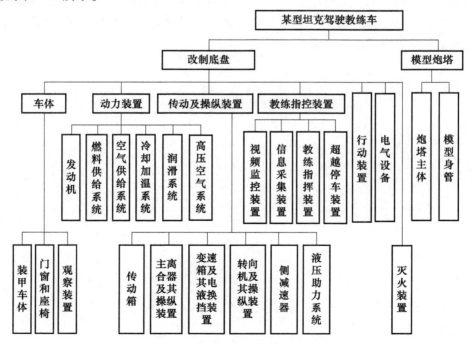

图 3-2 坦克驾驶教练车组成框图

（1）改制底盘。改制底盘包括车体、动力装置、传动及操纵装置、教练指控装置、行动装置、电气设备等分系统。在原退役坦克底盘基础上经改制而成。在保留原退役坦克动力舱布局和动力装置、传动装置基本不变的基础上,增设了教练室和观摩室,加装了教练指控装置、变速箱及其电液换挡装置、液压助力系统、高压空气系统等,换装了主战坦克操纵装置和检测仪表,实现了坦克驾驶教练车与主战坦克操控性能、机动性能的基本一致。

（2）模型炮塔。按照新型坦克炮塔外形,采用内铺龙骨、外敷钢板方式,设计了坦克驾驶教练车模型炮塔,并装有模型身管。

3.4　小结

教练车功能可区分为驾驶训练和辅助教练两大功能:驾驶训练功能进一步区分为感知技能训练、操作技能训练、决策技能训练;辅助教练功能进一步区分为观察、指挥、评估和干预,每一个功能模块均对应一套或几套教练车分系统部件。在教练车功能逐层分解的基础上,提出了训练要素相似性、训练记录数字化、考评方法智能化、教练手段集成化的教练车总体设计原则,介绍了某坦克驾驶教练车的总体布局和技术方案,建立了教练车总体设计的理论框架,为后续各功能模块设计提供了理论指导。

第 4 章 训练系统相似性设计

装甲车辆底盘系统是实现车辆动力性能、通过性能和转向性能的装备基础，同时也是培养驾驶员感知能力、操控能力和决策能力的基础。在对标主战装备性能的驾驶教练车设计过程中，为培养驾驶员的感知能力、操纵能力和决策能力，采用主战装备开展驾驶训练是效果最好的，但是会造成主战装备摩托小时损耗，同时训练效率不高，且存在一定安全隐患。因此，需要按照结构和原理相似的原则，对标主战装备，开展教练车底盘推进系统设计。基本设计思想是：在退役装备基础上进行改装设计，或者选用民用件替代军用件，以实现和主战装备相同的动力性能、通过性能、转向性能等。

4.1 相似理论

相似理论是研究相似现象具有的性质，相似即类似、相像，是人感官上对事物内在联系的一致性认识，是事物、现象、过程之间具有的共同点或同类性，既可表现在事物、现象、过程之间共同点或同类性的数量和质量上的相似，也可表现为它们在形式和内容上的相似。相似性的这些表现和特征概括起来即为相似原理。相似性研究也即研究两个物体之间相似应满足的条件，在某些方面存在的某种联系，以及如何将模型的研究结果推广到原型中的方法。相似理论的基础为相似三定理。

相似第一定理表述为彼此相似的系统，单值条件相同其相似准则的数值也相同，根据相似第一定理，可以知道哪些因素决定相似现象群的特征，因而考察这些因素的相似。

相似第二定理表述为描述物理过程的微分方程的积分结果，当一个现象有 n 个物理量，且这些物理量中含有 k 个基本量纲，则这 n 个物理量可以用相似准则之间的函数关系式来表示,这些相似准则是从确定该过程物理本质,描述现象规律的关系方程导出的,所以应该考察所有包含在相似准则中的那些物理量。相似第二定理告诉我们,应该以准则方程的形式来处理结果,以便将其推广应用到相似现象中。

相似第三定理表述为凡具有同一特性的现象,当单值条件(单值条件的组成因素包括系统几何关系、介质、起始状态、主要物理参数、边界条件等)彼此相似,且由单值条件的物理量所组成的相似判据在数值上相等时,这些现象必定相似,这里把相似准则的值相等作为相似的充分条件,因此相似第三定理也是相似第一定理的逆定理。

相似第一定理和相似第二定理解决了现象相似的必要条件,相似第三定理是现象相似的充分条件。相似第一定理与相似第二定理是从现象已经相似的事实出发来证明相似现象所具有的特性,与此相反,相似第三定理则要确定两个现象相似的依据,因此相似第三定理回答了如何利用实验模型进行试验,从而使试验结果能可靠地推广到实装中,严格地说,这也是一切模型试验应遵循的理论基础,根据以上相似定理,可对各种驾驶训练器材建立相似性评估指标。

每一种驾驶训练器材主要是为了训练某一类驾驶技能,且都应该遵循系统仿真的普遍相似原理,即满足驾驶训练器材与实装之间的某种联系。本章在保持原退役坦克底盘布局不变、最大限度利用原坦克车体、发动机、传动和行动装置的强约束条件下,研制满足多目标驾驶训练功能需求的坦克驾驶教练车,面临以下技术难题:一是如何优化舱室布局,实现新增的教练员功能;二是如何利用退役坦克发动机提升教练车单位功率,实现与主战坦克动力性能基本一致;三是如何布置驾驶室环境,保持与主战坦克人－机－环要素一致,尤其需要重点解决利用退役坦克定轴式变速箱模拟新型主战坦克行星变速箱换挡操作和运动效果问题;四是如何实现教练车外形尺寸、车体姿态与主战坦克一致的问题。在充分利用退役坦克车体及原车部件、成本控制等约束条件下,上述问题的解决方案需不断迭代、综合权衡,以满足驾驶教练车的多目标功能需求。其解决思路如图4-1所示。

4.2　教练车驾驶感知系统设计

感知技能训练中,为使驾驶员获得与主战装备相同的环境感知能力,要求教练车与主战坦克具有相同的车辆外廓尺寸和驾驶窗观察镜,相同的车内工况感知的能力要求教练车与主战坦克具有相同的驾驶室内仪表布局和显示形式,操纵能力训练要求教练车与坦克具有相同的操作件布局、操作形式和操纵力。总之,根据相似性要求,教练车与主战坦克在驾驶室各种人机接口方面,都应该保持基本一致。本节重点讨论教练车驾驶室潜望镜设计、驾驶室仪表设计和驾驶室操纵件设计三个方面。

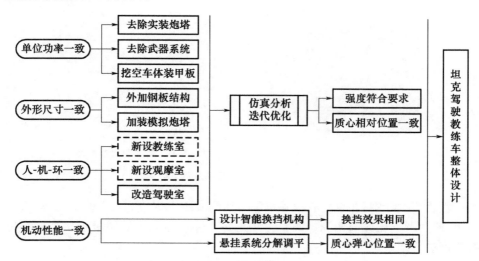

图 4 - 1　坦克驾驶教练车相似性设计

4.2.1　驾驶室潜望镜设计

为了使驾驶教练车与主战坦克潜望镜视界相同,一般考虑在教练车上选取同样的潜望镜安装位置,选取同样型号的潜望镜,以使两装备驾驶员具备相同的车外环境观察能力。装甲车辆驾驶员潜望镜设计中,潜望镜视角范围(上下视角和左右视角)、车体前装甲板侧倾角度以及潜望镜离地高度三个要素决定驾驶员观察视野,设计时应以三个参数为主,要求与主战坦克相同。

描述潜望镜视角的参数主要包括下视角角度 θ 和下死界 S,而影响这两个参数的因素包括潜望镜离地高度 h 和下死界在车体前装甲板的位置,坦克驾驶教练车采用与实装坦克相同的潜望镜,所以其水平视角不变,而下死界主要取决于下视角、潜望镜至车体最前侧距离和潜望镜离地高度。坦克潜望镜下视角及下死界如图 4 - 2 所示。

计算要求:

(1)潜望镜离地高度统一按照潜望镜中心位置计算,由上述分析可知,坦克驾驶教练车和实装坦克潜望镜高度基本一致。

(2) 影响潜望镜下死界的因素为车体前侧倾装甲板的安装位置和尺寸,以及潜望镜的安装位置和角度,而非潜望镜自身的内部结构限制。

(3) 下死界的计算按照驾驶教范要求,为驾驶员能够观察到下死界点,到车体最前端的水平距离,本计算中用 S 表示。

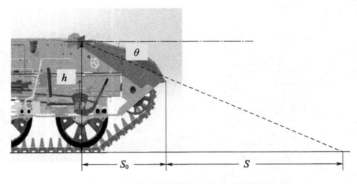

图 4-2 坦克潜望镜下视角及下死界

教练车设计中,如果驾驶教练车没有达到实装坦克的下死界值,可以调整下视角,使两者下死界值相等。调整方法是将车体前端侧倾装甲板上附加的装甲板高度进行调整。

本章所设计的坦克驾驶教练车驾驶员潜望镜与主战坦克采用了相同型号的潜望镜,视场相同;横向视界、垂直视界和盲区与主战坦克基本一致;教练员潜望镜水平向、垂直向的视场与视界能够满足驾驶教练的需求。教练车驾驶员潜望镜视界测定结果及与主战坦克驾驶员观察效果对比如表 4-1 所列。

表 4-1 驾驶员潜望镜视界测定结果

车型	主潜望镜/(°)		辅潜望镜/(°)		最大视界/(°)	垂直视界/(°)	盲区/m
	瞬时视界	最大视界	瞬时视界	最大视界			
教练车	43.7	77.5	43.6	76.9	99.0	12.7	5.2
主战坦克	47.6	82.3	53.4	79.0	103.1	14.5	6.0

4.2.2 驾驶室仪表设计

仪表是驾驶员掌握车内发动机和传动系统工况的主要手段,也是驾驶训练培养驾驶员观察感知能力的重要内容。为了培养驾驶员良好的观察习惯,驾驶教练车与主战坦克应具有相同的仪表设置,包括各类重要仪表数量、各仪表位置、仪表数据的显示形式等。

目前,我军教练车大多采用退役装备改装,退役装备中仪表数量、显示形式均与新型主战装备存在较大差异。为了使所研制的教练车与新型主战坦克仪表设置相同,一方面,需要对退役装备已有的仪表,如发动机转速表、车速表、油温表、水温表、机油压力表等,进行升级改造,如换装传感器、换装仪表盘显示形式、更改仪表布局位置等,使之与主战装备相似;另一方面,对于原退役装备没有安装,但主战装备中已经安装且十分重要的仪表,如液压传动系统油温表、液压传动系统油压表等,应充分利用计算机及虚拟仪表显示技术,在教练车对应位置安装类似的数字显示仪表盘,并通过计算机程序来驱动仪表,达到教练车新增仪表的显示形式及数值与新型主战坦克相似。

4.2.3 驾驶室操纵件设计

操纵件是指驾驶员驾驶车辆时,用于改变动力、传动等装置运行状态和工况的装置或机构。一般包括三大部分:一是发动机及其各辅助系统操作件,包括油门踏板、手油门和起动开关等。二是传动装置各部件的操纵机构,包括离合器踏板、变速杆、转向操纵杆和制动踏板等。如自动变速箱,则需操作转向盘和换挡选择手柄等。一个集成有转向操纵杆和变速杆的操纵装置如图4-4所示。三是其他部件操纵机构,如百叶窗开关、水陆坦克的水上行驶操作机构等。

尽管装备动力技术不断发展,但装甲车辆中发动机操纵件和操纵形式并没有发生太大改变;然而,传动装置中,随着变速箱由手动变速箱向自动变速箱发展,新型主战坦克取消了原退役坦克中安装的离合器踏板和手动挡变速器,取而代之的是自动变速器。此时,如果出于降低成本的考虑,仍旧希望采用退役坦克的传动系统,则需要对变速操纵装置进行相似性改装,使这些操纵件的位置和形式均与主战坦克相同,达到使驾驶员获取与新装备一样操纵能力的目的。4.4节专门论述了基于退役老装备定轴式变速箱和手动换挡形式,通过加装电液变速操纵装置,实现该退役老装备具有新型主战坦克自动变速操纵性能的一个典型案例。

坦克转向装置同样面临这种跨代升级的现状。退役老装备多采用二级行星转向机作为转向机构,采用图4-3所示两个操纵杆作为转向操纵装置,但新型主战坦克,多采用综合传动装置和行星汇流排作为转向机构,采用方向盘作为转向操纵装置。因此,在降低成本、保持原退役坦克转向机构

图4-3 驾驶室内转向和变速操纵装置

不变的情况下,如何利用新型转向操纵机构实现对原退役坦克二级行星转向机构的正确操纵,使退役装备能够实现或者部分实现新型主战坦克的转向性能,是教练车转向操纵机构设计的难点问题。

4.3 教练车动力传动系统设计

动力传动系统设计是车辆设计的主要内容,是实现车辆机动性能的技术基础。其一般包括动力装置、变速机构、转向机构、行动装置等主要部件的设计内容。由于多数教练车多采用退役装备改制而成,其动力传动系统设计的基本原则是:通过对退役装备所含部件的低成本改造,实现该部件与教练车所对应的新型主战坦克所含部件性能的基本一致。

4.3.1 发动机选型

发动机是装甲车辆的核心部件,对装备机动性能影响很大。经验表明,性能优良的发动机是保证车辆性能良好的主要措施之一。新装备研制时所提出的发动机性能指标,主要包括汽缸平均有效压力、有效功率、有效扭矩、有效比油耗、有效热效率、单位体积功率等参数。

考虑装备再利用的价值和成本控制等因素,利用退役装备改制教练车时,多数都要求采用原退役装备自带的发动机。此时,很难单独对发动机提出性能参数要求,而是转为对装备整体动力性能提出约束,如要求所改制的教练车应具备与新型主战坦克相同或者相似的动力性能。这里所说的车辆动力性能,是指车辆在各挡行驶速度下所具有的牵引能力。通常用车辆的牵引特性曲线或者单位牵引力来评价。车辆发动机牵引力与车辆全重的比值,称为单位牵引力。当选用原退役装备自带的发动机,而要求教练车具备与新型主战坦克相同的单位牵引力时,教练车研制所做的主要工作就已经从动力装置设计选型转变为对原退役装备进行整体的减重优化设计,以保证教练车在发动机性能不变的前提下,具备较好的单位牵引力。第 5 章"教练车轻量化设计"将重点介绍相关技术。

4.3.2 变速机构设计

传动系统的功用是将动力装置的功率传给两侧履带,同时按直线行驶要求改变履带速度和牵引力,并具备倒车、减速、停车等功能。当前我军装甲车辆的变速机构,按照代际可划分两种类型:一种是一、二代装备所采用的定轴式变速箱,另一种是三代装备综合传动装置中所包含的行星变速箱。

1. 定轴式变速箱及其操纵机构

定轴式变速箱是机械式、固定轴、同步器换挡的变速箱,由箱体、主动轴总成、中间轴总成、主轴总成、倒挡轴总成、换挡机构和风扇联动装置等组成。换挡机构的工作过程是:空挡时,同步器及换挡连接器均处于两齿轮的中间位置,主轴上各挡被动齿轮由中间轴上的各挡主动齿轮带动,在主轴上空转,动力不输出。挂前进挡时,挂上一挡或二、三、五挡时,发动机动力经齿轮传动箱、主离合器、变速箱主动轴及主动齿轮、四挡主动齿轮、中间轴及一挡或二/三/五挡主动齿轮、一挡或二/三/五挡被动齿轮、换挡连接器(或同步器)传给主轴,输出动力。同步器换挡结构如图4-4所示。

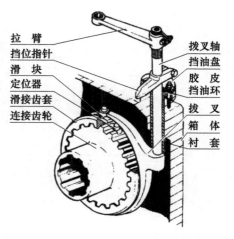

图4-4 同步器换挡结构

2. 行星变速箱及其操纵机构

机械式三自由度行星变速箱内有5个操纵件,通过其中的两两不同组合,可实现5个前进挡和一个倒挡,空挡只结合一个操纵件。采用液压变速操纵装置。换挡分配阀结构如图4-5所示。各挡结合的操纵件及效果如表4-2所列。

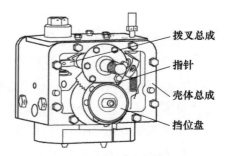

图4-5 换挡分配阀结构

表4-2 各挡结合的操纵件及效果

被结合的排挡	被结合的操纵件	被结合的排挡	被结合的操纵件
空挡	$\phi 4$	Ⅳ挡	$\phi_2 \phi 4$
Ⅰ挡	$\phi 3 \phi 4$	Ⅴ挡	$\phi_2 \phi 3$
Ⅱ挡	$\phi 1 \phi 4$	倒挡	$\phi 3 \phi 5$
Ⅲ挡	$\phi 1 \phi 3$		

行星变速机构总成共有3个行星排和5个操纵件。由ϕ_1制动器、ϕ_2离合器、ϕ_3离合器、ϕ_4制动器、ϕ_5制动器、K_1行星排、K_2行星排、K_3行星排、前连接盘、后连接盘、前密封总成、后密封总成、输出轴组成。行星变速箱结构原理如图4-6所示。

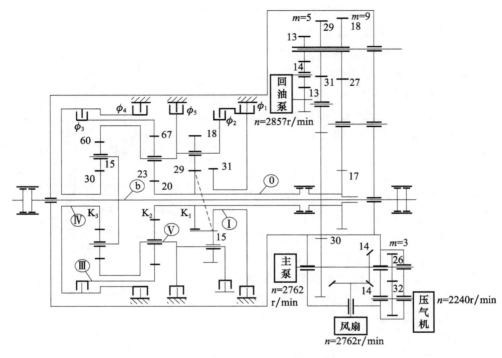

图 4-6　行星变速箱结构原理

分配机构是行星变速箱变速操纵装置液压部分的核心部件,其功用是根据变速操纵机械装置所给定的位置来改变油压和进入变速箱离合器相应的液压油缸中油的流动方向,实现挡位更换。该分配机构安装在变速箱的前上部。

3. 教练车变速机构设计难点

由于不同年代生产的装甲车辆,其变速及操纵机构的工作原理不同,操纵形式也不同,教练车变速机构设计时,所面临的问题是:在保持原退役坦克动力传动系统基本不变,仍旧采用退役装备定轴式变速箱的基础上,要求通过加装与新装备类似的电液变速操纵装置,实现利用新型换挡装置+定轴变速箱模拟液压换挡阀+行星变速箱的换挡操纵训练的目的。4.4节"电液式变速操纵装置设计"详细论述了解决这一难点问题的技术方案。

4.3.3　转向机构设计

当前,我军履带车辆转向机构主要有两种形式:一种是采用二级行星转向机作为转向机构,利用两侧履带差速转向;另一种是采用综合传动装置内部的静液无级转向机构。

1. 行星转向机

图 4-7 所示为二级行星转向机结构,它每侧都有一个带闭锁离合器的行星排,并由三个操纵件(闭锁离合器、小制动器、大制动器)协作完成车辆的直驶、转向和制动,两侧配合可以组成三种转向工况,即原地转向、第一位置转向和分离转向,且有两个规定转向半径。大转向半径适用于车速较高的转向,小转向半径适用于克服困难路面时的转向。当制动双侧的大制动鼓,使输出动力的双侧行星架减速或不转,就可实现车辆的减速或制动。行星转向机均采用操纵杆进行转向操作。

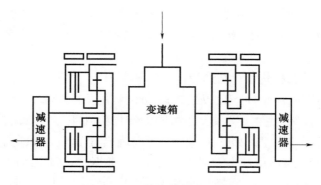

图 4-7 二级行星转向机结构

2. 静液无级转向机构

综合传动装置所采用的静液无级转向机构中,其转向分路由双变量油泵和油马达以及齿轮差速机构组成,如图 4-8 所示,其中,油马达由油泵的供油量控制其转速。

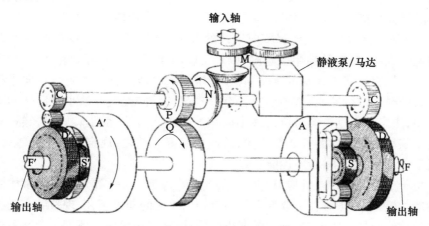

图 4-8 静液无级转向机构示意图

当车辆直线行驶时,油泵不向油马达供油,油马达因为自锁而不能转动,转向分路无动力传递,车辆保持直线行驶状态。当需要转向时,可通过操纵装置控制油泵向油马达供油,油马达工作,使行星差速机构太阳齿轮以一定的方向转动,经减速后,带动左右汇流行星排的太阳齿轮以不同的方向转动,与齿圈的转动方向相同或者相反,使行星架转速一侧加快(减慢),另一侧减慢(加快),车辆将以一定的转向半径向左(右)转向,由于油马达受油泵的供油量控制,而供油量又可以连续变化,所以两侧汇流行星排的行星架转速可以连续地减速或加速,使车辆的规定转向半径可以从一个最小值到无穷大之间连续变化,形成静液无级转向。法国"勒克莱尔"坦克、美国M1坦克和英国"挑战者"-2坦克都采用了液压无级转向机构。静液无级转向机构多采用方向盘作为操纵机构。

3. 教练车转向机构设计与选型

教练车转向机构设计不仅仅要求转向机构的操纵形式一致,如都是操纵杆或者方向舵操纵,更主要的是,在相同的转向操作下,教练车应表现出与主战装备相同的转向性能,如转向半径一致、旋转角速度一致等,以使驾驶员获得同样的转向操作反馈。装备转向性能是指坦克改变运动方向的一种能力。它既和车辆结构、动力、转向机构有关,又和地面条件有关。其主要指标包括:

(1)平均旋转角速度。坦克的平均旋转角速度 ω_p 是指坦克在转向过程中转过的角度 α 与所用时间 t 的比值。ω_p 越大,坦克转向越快;ω_p 越小,坦克转向越慢。现有坦克平均旋转角速度 ω_p 为 45°/s~70°/s。对于双流传动机构或无级转向机构,常用坦克空挡转向(转向半径为零)时旋转一周所用时间的长短来评价其转向性能。例如,"豹"2坦克空挡零半径转向旋转一周用7s。

(2)规定转向半径。规定转向半径的多少,决定了坦克能够进行持续转向的可能性大小;规定转向半径越多,以规定转向半径转向的可能性越大,转向性越好。当坦克具有无级规定转向半径时,坦克随时能以任意的规定转向半径和任意长的时间进行转向,这种坦克具有最理想的转向性能。最小规定转向半径的大小,决定了坦克转向时所占最小面积的大小。显然,最小转向半径越小,坦克在窄狭地面上转向的可能性越大,转向性越好。总之,规定转向半径越多,最小规定转向半径越小,转向性能越好。

由于二级行星转向机构只有两个规定转向半径,与静液无级转向机构的转向性能相差太大,很难在不改变退役坦克转向机构的前提下,实现教练车与新装备转向性能相似。因此,教练车转向机构设计,多采用更换与新型主战装备转向原理相同的转向机构的方法实现。

4.3.4　行动部分设计

行动装置包括行驶装置和悬挂装置两部分,能够有效保证车辆具有良好的越野机动性和行驶平顺性。其中,行驶装置可分为轮式和履带式两种,通过车轮或履带与地面的作用将动力传动装置输出的动力转化为驱动车辆行驶的牵引力。悬挂装置支承车体并减缓行驶时产生的冲击与振动,二者共同配合使车辆达到最佳的机动性能和乘坐舒适特性。

教练车与新型主战装备采用相似的行动部分,主要目的是使驾驶员在相同的操作要领下,获得相同的车辆通过性反馈。例如,正确操作时,都能通过0.9m高的垂直墙、都能通过30°坡道等。通常采用平均单位压力、接近角、离去角、最大爬坡角、履带中心距等性能指标描述坦克通过性能。

近年来,履带车辆各种性能不断提高,但车辆通过性能大致相同,因此教练车设计时,一般不需要对行动部分进行深度改装,多数教练车仍旧采用原退役装备的行动部分。需要注意的是,当教练车因为车体或者其他部件减重增大单位牵引力后,重量分布的变化会导致车辆悬挂系统和姿态改变,此时需要重新计算悬挂系统的性能,并在原装备悬挂系统性能允许的范围内对悬挂系统部件进行调整,以满足车辆行驶平顺性要求。关于减重后教练车弹心计算和悬挂系统性能调整的相关内容,参见第6章"教练车机动性能计算"中的相关内容。

4.4　电液式变速操纵装置设计

换挡技术及其操纵系统随着车辆传动技术与装置的发展而发展。本节在退役坦克动力传动系统保持不变的基础上,通过加装一套电液变速操纵装置,实现主离合器与机械变速箱的电液换挡操作。在此基础上,将原坦克驾驶换挡手柄改造为电液变速操纵装置的手柄式选挡器,实现模拟新型主战坦克换挡操作的目的。通过本次研制,在教练车中,实现了退役坦克与新型主战坦克换挡操纵界面一致;换挡逻辑、换挡顺序一致;换挡时间基本一致;并满足其他总体约束要求。

4.4.1　总体设计方案

电液式变速操纵方案主要由电子控制单元(Electric Control Unit,ECU)、传感器、执行机构和油源组成,如图4-9所示。变速手柄安装在驾驶室,电子控制单元和独立油源安装在观摩室,选换挡执行机构、离合器执行机构和输入轴转速传感器安装在动力舱。

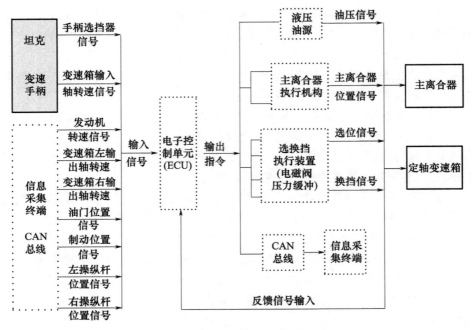

图4-9 电液式变速操纵装置组成示意图

电子控制单元基于控制器局域网总线(Controller Area Network,CAN)对整个系统进行检测,实时地获取各传感器的信息,实时判断驾驶意图及系统状态,利用电控系统控制电磁阀及驱动油缸,实现各种操纵功能的协调控制。传感器主要有发动机转速传感器、变速箱输入轴转速传感器、车速传感器、换挡手柄位置信号、变速箱选换挡行程信号、离合器行程信号、油门开度信号、制动开关信号和油源压力信号等。执行机构主要有选换挡执行装置、离合器执行装置和独立油源。

正常驾驶时,驾驶员按照新型主战坦克驾驶动作规范,通过离合器踏板、油门踏板、制动踏板和换挡手柄操控车辆,若驾驶员需要换挡,按照操纵规范分离主离合器,同时拨动换挡手柄,此时换挡操纵电子控制单元,电子控制单元根据实时采集的驾驶员操纵信息(油门踏板、制动踏板、换挡手柄)和车况信息(车速、发动机转速、变速器输入轴转速)进行综合处理,并按照设定的控制策略,向各个执行机构(选换挡执行机构、离合器执行机构)发出控制指令,实现变速操控。

4.4.2 电子控制单元

电子控制单元(ECU)是整个电液式变速操纵装置中最重要的控制部件。

ECU 的核心作用表现为以下功能：①接收来自驾驶员的驾驶意图信号（通过变速手柄、离合器位置传感器等）；②实时采集并处理各种信息，包括反映传动系统工况的状态信息和操纵机构动作的反馈信息；③可完成各种过程控制及控制运算，实现对操纵系统的控制功能；④驱动各执行机构，最终实现对操纵系统的自动控制。

ECU 接口示意图如图 4-10 所示。

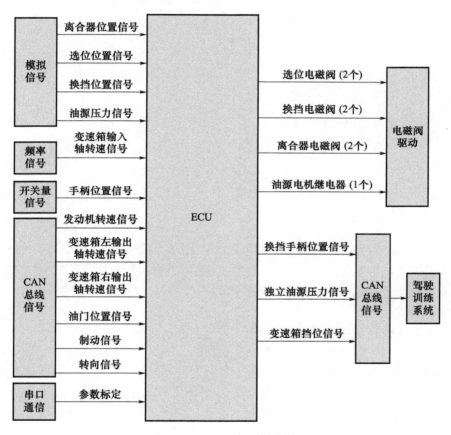

图 4-10　ECU 接口示意图

4.4.3　选换挡执行机构

选换挡执行机构由两个油缸驱动，两个油缸成 90°夹角互相垂直。由于退役坦克变速箱有 5 个前进挡和 1 个倒挡，换挡缸和选位缸均为三位油缸，其液压原理如图 4-11 所示。选换挡执行机构直接安装在变速箱上，并利用变速箱穿箱螺钉固定，省去了垂直轴等中间部件。

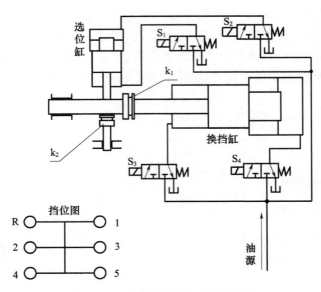

图 4-11 选换挡执行机构液压原理

4.4.4 离合器执行机构

原有的主离合器采用人工机械操纵方式,在模拟新型主战坦克驾驶训练中为了保护发动机和传动系统,必须对原有离合器操纵系统进行改造,使之能在 ECU 控制下自动地完成主离合器的分离和接合操纵,能按软件控制完成各种自动离合功能。

改造后的自动离合器执行机构原理如图 4-12 所示。图中横拉杆、纵拉杆和分离托盘是原离合器操纵系统的部件,离合器驱动油缸、位移传感器、连接杆是电液式变速操纵装置新加装的部件。离合器驱动油缸呈前低后高的布置方式,固定在变速箱左侧固定座上,并与连

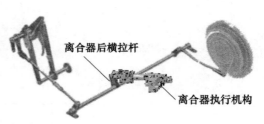

图 4-12 离合器执行机构原理

接杆相连。油缸的两端采用关节轴承。在油缸的伸出端装有位移传感器。油缸由两个高速响应的常闭与常开电磁阀驱动。在自适应软件控制下,对电磁阀实行脉宽调制(Pulse Width Modulation,PWM)控制,就可控制分离、接合动作的速度,满足对主离合器平稳接合的功能要求,减少不必要的滑动摩擦。在油缸一侧安装位移传感器,可以及时向 ECU 反馈动作位移,以便对离合器动作实行闭环控制。

4.4.5 液压油源

液压系统的油源为独立油源,可在不发动发动机的情况下用车载蓄电池的24V直流电瓶作为油源工作电源,直接为电液式变速操纵装置提供稳定、清洁、可靠的压力油,其外形如图4-13所示。

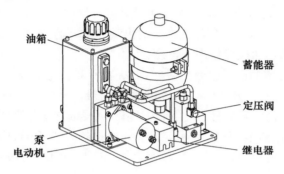

图4-13 油源外形

油源系统的技术要求:①电源,使用车载蓄电瓶的24V直流电源;②油源压力,3.0~4.5MPa(由电控ECU控制);③间歇供油,各机构用油量的一个换挡循环不超过100mL;④工作介质,航空10#液压油;⑤滤油精度,20μm;⑥环境温度,-40~60℃;⑦体积,480mm×407mm×277mm。

4.4.6 变速手柄

为了更好地模拟新型主战坦克驾驶的驾驶动作,教练车采用新型主战坦克驾驶原车变速手柄,在此基础上,每个挡位位置加装开关量传感器,以输出换挡手柄所在位置的编码信号,判断驾驶员的驾驶意图。结合主战坦克手柄结构特点,手柄改制部分由磁钢、挡位检测模块、引线电缆三部分构成,其中磁钢安装在"转动磁盘"上,挡位检测模块固定在"固定座"上,插座通过引线电缆在外固定安装。当进行换挡操作时,挡位检测模块上的霍尔元件通过感应磁钢的位置来识别各挡位,并通过编码后输出供ECU采集。手柄挡位检测原理框图如图4-14所示。

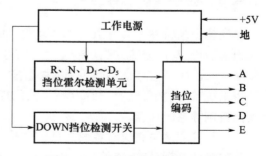

图4-14 手柄挡位检测原理框图

4.4.7 变速控制软件功能

主战坦克驾驶教练车电液式变速操纵装置软件，接收离合器位移、选挡位移、换挡位移、发动机转速、变速箱输入轴转速、变速箱输出轴转速、手柄选挡器、油门位移、制动开关和转向信号，控制电液式变速操纵装置的执行器，实现变速箱的变速控制与故障诊断。电液式变速操纵装置软件具有以下功能：

(1) 系统自检。能够对单片机输入输出端口、中断、寄存器等进行初始化设置，并对外围传感器和执行器进行自检。

(2) 实现传动控制所需参数的采集、处理。ECU 能够采集 4 种类型的信号，即模拟信号、频率信号、开关信号和 CAN 总线信号。其中，模拟信号包括离合器位置信号、选挡机构位置信号、换挡机构位置信号、油源压力信号；频率信号包括变速箱输入轴转速信号；开关信号包括手柄选挡器开关信号；CAN 总线信号包括发动机转速，变速箱左、右输出轴转速信号，油门位置信号，转向位置信号和制动信号。

(3) 实现变速箱的换挡功能。根据手柄选挡器信号、离合器信号和各转速信号，完成对选换挡执行机构的控制。

(4) 实现变速箱内部的检测和保护功能。在监测发现变速箱传动比异常时，可主动摘为空挡，实现变速箱的保护。

(5) 故障诊断功能。能够对换挡过程、离合器分离过程、离合器行程、换挡行程、选挡行程、变速箱输入轴转速传感器、变速箱输出轴转速传感器以及手柄选挡器进行故障诊断，确定其是否工作正常，产生相应故障代码。

(6) 实现整车所需信息参数的采集、处理。通过对(2)中所述信号的采集、处理，计算获得手柄选挡器信息、变速箱挡位信息、电液式变速操纵装置油压信息，并通过 CAN 总线上传至驾驶员训练系统。

4.4.8 变速控制软件方案

变速操纵软件一共由两个模块组成，如图 4-15 所示，分别是变速控制模块和通信模块；其中变速控制功能又分为信号检测模块和系统控制模块，信号检测模块一共由频率信号采集等 5 个模块组成，完成系统信息输入功能；系统控制模块由系统状态、挡位选择、故障诊断、挡位控制等 4 个模块组成，完成挡位选择、换挡控制等系统功能。

信号检测模块完成对各输入量信号检测。其中，频率信号处理单元完成对一路转速的处理，即变速箱输入轴转速。模拟/数字转换(Analog to Digital converter, A/D)信号处理单元完成对位移信号和压力信号的处理。开关量处理单元完成对手柄选挡器信号的处理。CAN信号处理单元完成对CAN总线数据的下载处理。数字滤波单元根据采集信号的结果,依据信号特点对信号进行数字滤波,用于实现传动系统状态的获取以及反馈控制。

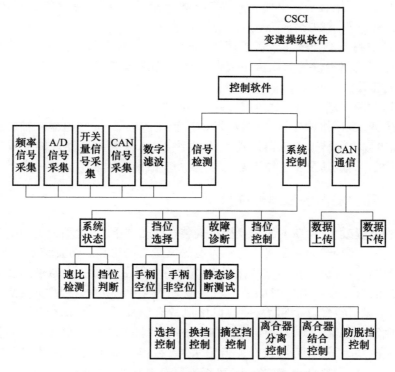

图4-15 电液式变速操纵装置软件组成示意图

系统控制模块完成变速操纵软件的主要控制功能,包括离合器的控制功能、挡位选择功能、升/降挡功能、系统自保护功能等。其主要功能模块包括:

(1)速比检测单元。计算在挡时的发动机转速、变速箱输入轴转速、变速箱左右输出轴转速,用于检测离合器、变速箱工作是否正常。

(2)挡位判断单元。根据变速箱选位行程、换挡行程换算获得当前挡位。

(3)手柄空位单元。根据手柄柄位位置,获得挡位需求。

(4)手柄非空位单元。根据手柄柄位位置,获得挡位需求。

(5)选位控制。需要时,驱动变速箱电磁阀,控制变速箱进行挡位的选择,并判断挡位选择是否正常。

(6)换挡控制。需要时,驱动变速箱电磁阀,控制变速箱进行挡位的挂入,并判断是否正常。

(7)摘空挡控制单元。需要时,驱动变速箱电磁阀,控制变速箱摘至空挡,并判断摘挡是否正常。

（8）离合器分离控制单元。需要时,驱动离合器电磁阀,控制离合器分离,并判断离合器是否正常分离。

（9）离合器结合控制单元。需要结合离合器时,关闭离合器电磁阀,使离合器能够按照驾驶员的操作结合。

（10）防脱挡控制单元。基于速比判断结果,判断当前挡位工作是否正常,如果速比与当前挡位传动比偏差较大,则控制变速箱电磁阀,使变速箱摘空挡,以保护变速箱。

（11）故障诊断单元。对换挡过程、选位过程、离合器位置传感器、选挡机构位置传感器、换挡机构位置传感器、发动机转速传感器、变速箱输入轴转速传感器、变速箱输出轴转速传感器以及 CAN 总线状态、内部存储器及闪存等进行自检故障诊断,确定其是否工作正常,并产生相应故障代码。

4.4.9　动力舱改装散热影响分析

操纵装置改装后,新增的选换挡机安装在散热器下方,对动力舱内的散热空气流场有一定影响,为此需要进行动力舱热风道流场仿真。仿真结果表明:由于加装了换挡执行机构,使得空气流过散热器后变得更加紊乱。通过速度矢量图分析,可知:有无换挡机构时的总空气流量如表 4-3 所列,表明安装换挡机构后,增加了风道空气流动阻力,使得风扇风量有所降低,风量降低率为 1.4% ~ 1.7%,风量减少量不大,对教练车冷却系统散热性能不会造成影响。同时,由于退役坦克改制为教练车,质量减少了 7t 左右,在相同车速条件下,发动机输出功率减少,发动机发热量也相应减少,可抵消风量减小的影响。

表 4-3　有无换挡机构时的总空气流量

结构	转速		
	1600r/min	2100r/min	2565r/min
无换挡机构时风量/(kg/s)	5.73	7.81	9.64
有换挡机构时风量/(kg/s)	5.65	7.68	9.49
风量减少率/%	-1.4	-1.7	-1.6

4.5　小结

针对教练装备要和主战装备保持驾驶室内人-机-环要素一致性的改装需

求,在保持原退役坦克动力舱内发动机、主离合器、变速箱、行星转向机等底盘部件和布局不变的前提下,驾驶室内统一换装新型主战坦克的仪表及操纵装置;换挡机构是车辆操纵的主要部件,原退役坦克采用了定轴变速箱+主离合器的非动力人工换挡方式,操纵力大,操作复杂,换低速挡时,容易停车或熄火。新型主战坦克则采用了基于行星变速箱的动力人工换挡方式,操纵轻便,换挡成功率高。为实现改装后的坦克驾驶教练车与新型主战坦克换挡操纵形式和操作效果一致,在保持退役坦克原定轴式机械变速箱和主离合器结构不变的强约束条件下,对换挡机构进行改进设计,研发了电液式变速操纵装置,实现了退役坦克换挡操纵训练与新型主战坦克换挡操纵训练的一致性。

第 5 章　教练车轻量化设计

在选用退役装备原发动机前提下,要想使其单位功率获得显著提升,只能对原坦克进行整体减重,更换原坦克铸造炮塔、切割车体前部中部厚装甲部分,是理想的技术手段。切割时,除去重量约束外,需要考虑切割位置和形状,既要保证切割后所保留框架对车体或炮塔的支撑强度,防止车辆翻车时变形挤压车内乘员,又要保证车辆高速通过各种障碍、发生撞击时不能变形,损坏车内部件。为此,需要采用轻量化设计理念和有限元仿真方法来确定车体的切割部位,确定模型炮塔的骨架强度和适当的刚度。

5.1　轻量化设计理论

5.1.1　轻量化设计方法

寻找替代材料、优化制造工艺、优化结构类型是有效减轻车体重量的三种方法。教练车研制中,应首先优化车体和炮塔的支撑结构,确定切割部位,对于切割后形成的孔洞,可以考虑替代材料和优化制造工艺的方法。本章重点讨论教练车车体和模型炮塔结构优化问题。按照结构和设计变量类型及求解问题的目标,结构优化分为拓扑优化、形貌优化和尺寸优化。对产品结构设计而言,拓扑优化是以结构拓扑变量为分析变量,寻求不同载荷传递形式的最佳结构布置,它主要是在产品设计的概念阶段发挥极其重要的作用;形貌优化则是以形状变量为基础,为结构提供合理的形貌布置方案,主要在结构原始设计阶段发挥作用;尺寸优化是进入产品的详细设计阶段的参数优化设计,通过设计来合理分配构件的参数等。目前,各种类型的结构优化,尤其是尺寸优化和形貌优化的理论研究已经趋于成熟,一些经典的优化算法已融入大型通用有限元分析软件中,并且广泛应用于工程实际。

进行车辆设计时,如果考虑周到,设计出了合理的尺寸,实现尺寸优化,有利于车身的承重和减重,很大程度上可以减轻油耗和其他性能方面的要求。当结构布局设计合理、实现车辆形状优化时,材料才能发挥出应有的效能。同时采用有限元法对其进行设计,以减少在应力的最大高峰时发生意外的概率,并且可以实现均衡的分布。优化的车身形状可以有效地减小风阻带来的巨大阻力,速度越大风阻越大,合适的车身形状更符合轻量化的要求。合理地优化车身的布局,选择不使用车架结构,创造性地利用承载式车身减少车体的质量。

5.1.2 轻量化设计软件

车体轻量化设计中,常用有限元技术来仿真其结构强度。有限元的核心含义是将解域离散成有限个单元,然后分别求解。离散化后的每个单元都是一个独立的部分。离散元的位移可以用插值函数来表示。建立单位的位移变量来表示。元素节点是连通的,整个解域的场函数可以用所有元素域的和来代替。有限元技术是机械结构主流的设计方法,优点很多,如速度快、效率高、易于更改和设计,设计出来的元件可以很方便地进行各种操作等。

5.1.3 车辆模态分析

为了避免产生共振,一定要充分了解教练车车身内部结构振动的频率、振型、振幅等相关信息,从而避开共振产生的频率。一般的做法是通过各种方式对车身振动频率进行更改。模态分析一般可以划分为计算模态分析和实测模态分析。计算模态分析是由有限元计算所获得的。通过传感器和数据采集装置等设备所收集到的数据称为实验模态分析。模态分析的主要研究对象是结构固有特征。模态分析在所有关于物体的结构动力学分析范围内,主要的研究对象是固有的动态特性,如阻尼、振型等。模态分析需要使用现有参数来表示结构的特性。

驾驶员在驾驶车辆时,因为车况、车速、换挡等客观因素条件,主动轮、发动机、传动装置的齿轮啮合产生的冲击或者不平衡的状态,就会产生结构激励。如果不加干预,整车或车辆的部分位置就会产生强烈的振动。为了充分保证教练车的各种安全和正常工作时的性能,必须进行模态分析。结构本身存在了固有的频率及模态振动等特性,只是与结构的质量和刚度有关。一方面,模态分析必须计算或者测试频率和振幅振型;另一方面,模态分析要找出外在激励如何影响车身结构的动力响应。模态系统分析的最终研究目的关键在于通过识别和分析计算,得出系统结构中的模态分析参数,对结构优化和系统设计分析提供了理论依据。

在进行模态分析计算时,首先要得到系统动力学方程。然后依据质量矩阵、刚度矩阵可以得到该体系的特征值与其中的特征矢量。特征值就是车身的固有频率,特征矢量就是车身体系的振型。

特性分析的方程式为

$$M\ddot{x} - c\dot{x} - Kx = F \quad (5-1)$$

式中:M 为系统的整体质量矩阵;K 为系统的整体刚度矩阵;C 为系统的阻尼矩阵;$\ddot{x}$ 为系统的加速度响应矢量;$\dot{x}$ 为系统的速度响应矢量;x 为系统的位移矢量;F 为系统的激励力矢量。

特性方程可以简化为

$$M\ddot{x} - Kx = 0 \quad (5-2)$$

由上述振动产生理论公式可知,振动产生方式一般可以用几个简谐振动的相互作用组合或者叠加方式来进行计算分析得到。因此,可以用这种方法计算求解其简谐振动式,从而得到在自由弹性振动下的各种振型和简谐振动的频率:

$$x = \varphi \sin(\omega t) \quad (5-3)$$

把式(5-3)代入式(5-2),消去 $\sin(\omega t)$ 得

$$K - \omega^2 M\varphi = 0 \quad (5-4)$$

可以求解得到结构的固有频率和振型。

5.1.4　车体刚强度分析

在各类工况和负载的综合影响下,车身结构中零部件很容易发生局部和应力不足的情况。教练车在进行训练时,路况都较为一般,这就对车身的强度提出了较高的要求。在极端的工况下,可能会导致出现局部断裂,产生安全问题。所以必须对整体的车身结构进行强度测量,分析其车身结构在高强度下是否符合高强度测量方面的要求,测量车体结构是否具有抵抗外界刺激和永久性变形的能力。

按照大小,强度可以分为表面强度与体积力学强度。表面强度主要是指教练车车身内部结构表层被挤压或者接触的强度。体积强度包括车身机械结构在拉伸、压缩、扭转、裁剪等载荷应力作用下产生的体积强度。按照外部负荷的不同,强度分析可分为静态强度分析和动态强度分析。静态强度分析主要是在静载荷下进行的,即保证车身结构能够在扭矩、加减速、左右旋转、左右弯曲等工况下完成的断裂、开裂、无塑性变形。动态强度分析主要是对动态载荷条件下的强度分析,一般指的就是对车身进行碰撞强度分析。

车身强度能不能符合要求将影响教练车的寿命。在各式各样的外界激励下,车身结构很可能会出现局部应力集中的位置,导致出现裂纹和破坏。依靠车身结构设计的经验很难保证车身结构满足强度要求。而车身结构在各种工况下是否拥有足够的强度将影响驾驶员的安全,对于车身结构进行强度分析是十分

必要的。利用仿真模型进行轻量化设计,选择合适的位置进行开孔、减重、切割等一系列的操作,直观看出改装以后的形状和性能,便于进行分析。

5.2 教练车车体轻量化设计

为了减轻车体重量,实现教练车与新型坦克具备同样的单位牵引力,需要采取减重措施,确保改制后坦克驾驶教练车的战斗全重不大于某一数值。初步计划两侧甲板上各开5个减重口,车体前甲板左右各开1个减重口,在对车体强度进行仿真计算后,在各减重口上覆盖薄板密封的方法,实现底盘减重目标。车体减重示意图见图5-1。

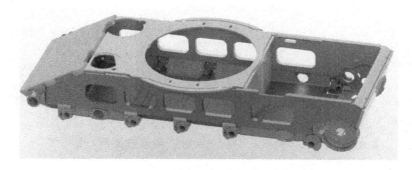

图5-1 坦克驾驶教练车车体减重示意图

5.2.1 有限元模型的建立

为确保车体刚度和强度可靠,避免较大冲击下车体变形和断裂,使用ANSYS有限元分析软件对切割后的车体进行刚度强度仿真。计算平台为Windows 2000,经过计算,可以详细了解车体各焊接部分和开口部位的应力及变形分布状况,即刚度和强度情况,以检验车体焊接及车体开口处的刚度和强度是否满足设计要求,如不满足,则需要改进,使之得到优化和加强;如果刚度和强度过大,则可为结构减重提供可行的改进措施。车体除了承受自重,还需要承受来自地面的$8g$加速度冲击,g取$9.8 m/s^2$,仿真环境温度为22℃。

在三维建模软件Solidworks中建立车体模型,导入ANSYS的有限元模型中,并装配到合适的位置,在保证解算精度的前提下,对部分倒角和小孔洞等几何特征进行合理简化。对于有限元网格的划分,首先要选择合适的单元类型和参数,其他严格控制单元划分的质量与单元数量。单元形状不好则导致结果误差变大,单元数量增加会导致计算量剧增。因此,单元类型选择 ANSYS 中的 92 号四面体 10 节点实体单元,选择 93 号 8 节点壳单元作为辅助单元,单元尺寸为 0.1m。经过划分,车体模型单元总数为 98503 个,节点总数达到 19663 个(包括单元中节点)。整个计算模型及单元网格如图 5-2 所示。

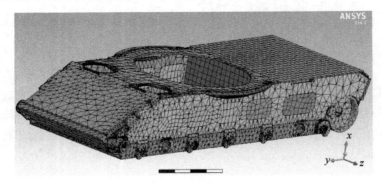

图 5-2 计算模型及单元网格

5.2.2 载荷、约束与材料条件

在车体承载 8 倍冲击载荷、越壕沟、过垂直墙、对角支撑等 4 种工况下对车体的刚强度进行评估分析。对车体分别进行静力学分析和线性屈曲分析,分析应力、应变及五阶模态下车体变形情况(包括结构失稳的初始载荷大小)。

1. 工况一:8 倍冲击

边界条件:根据实际工况,整车在摔车情况下冲击载荷约为 8 倍重力加速度,车内相关承载部件均在 8 倍重力加速度作用下作用于车体,约束在左右两排平衡肘支架端口处施加。

2. 工况二:越壕沟

边界条件:车辆在越壕沟时,通常是第一、第五平衡肘支撑整个车体,所以在仿真计算中约束在第一、第五平衡肘支架端口施加。

3. 工况三:过垂直墙

边界条件:车辆在过垂直墙时,通常是中间一对负轮支撑整个车体,所以在仿真计算中约束在中间平衡肘支架端口施加。

4. 工况四:对角支撑

边界条件:车辆在对角支撑工况下,通常是左一、右五或者右一、左五负轮我们支撑整个车体,所以在仿真计算中选取左一、右五平衡肘支架端口施加。

材料定义:其材料为特种钢。

5.2.3 计算结果

动态冲击加速度 $8g$ 可以静力学瞬态分析,本计算载荷施加持续时间为 1s,按照有限元静态问题进行。计算完毕后,使用 ANSYS 软件的后处理功能,利用计算出的各部件各个单元的节点位移,来确定各个单元的应力大小,以及整个结构变形情况和应力分布的图形显示,放大渲染等。

1. 工况一:8 倍冲击

1)静力学分析结果

计算结果:在此工况下,最大应力发生在右第二、三平衡肘支架处,表现为应力集中,$\sigma_{max} = 163.11 \text{MPa}$,最大变形发生在发动机顶盖装甲板,$U_{max} = 1.62 \text{mm}$,如图 5 - 3 所示。

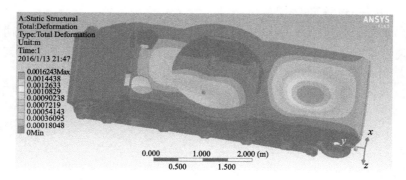

图 5 - 3 8 倍冲击载荷车体有限元分析结果

2)线性屈曲分析结果

线性屈曲分析中各模态分析结果与车体自身结构和材料有关,而与施加的载荷大小无关,是对结构自身的稳定性分析。不同模态阶数对应的应力集中部位不同,载荷为 $8g$,故对应的第一阶屈曲载荷为 $190.9 \times 8g = 1527.2g$,其为所有 6 阶载荷的最低值,意味着当载荷达到 $1527.2g$ 时,结构将失稳。各阶模态对应的结果如表 5 - 1 所列。

表 5 - 1 模态阶数及对应载荷

模态阶数	1	2	3	4	5	6
对应载荷	1527.2g	1545.68g	2298.64g	2311.44g	2359.28g	2465.92g
载荷最大位置	发动机顶盖	右侧甲板	右侧甲板	发动机顶盖	右侧甲板	左侧甲板

不同阶数的模态对应载荷大小和位置均有差别,说明结构对应各个部位能够承受的失稳临界值不同,从表 5 - 1 中可以看出,一阶模态下结构即将失稳的

载荷发生在发动机顶盖处。

2. 工况二：越壕沟

(1) 静力学分析结果：在此工况下，最大变形发生在底甲板处，$U_{max} = 2.06mm$，$\sigma_{max} = 789.67MPa$，最大应力发生在右第二、三平衡肘支架处，表现为应力集中。

(2) 线性屈曲分析结果：不同模态阶数及对应载荷如表 5-2 所列。此工况下结构即将失稳的一阶模态载荷为 767.272g，易失稳位置为左侧甲板。

表 5-2　模态阶数及对应载荷

模态阶数	1	2	3	4	5	6
对应载荷	767.272g	853.92g	879.28g	891.28g	925.28g	931.04g
载荷最大位置	左侧甲板	右侧甲板	左侧甲板	左侧甲板	左侧甲板	左侧甲板

3. 工况三：过垂直墙

(1) 静力学分析结果：在此工况下，最大应力发生在右第二、三平衡肘支架处，表现为应力集中，$\sigma_{max} = 1958.4MPa$，最大变形发生在左第三平衡肘支架处，$U_{max} = 2.66mm$。

(2) 线性屈曲分析结果：6 阶模态分析结果如表 5-3 所列。此工况下结构即将失稳的一阶模态载荷为 164.872g，易失稳位置为底甲板。

表 5-3　模态阶数及对应载荷

模态阶数	1	2	3	4	5	6
对应载荷	164.872g	193.456g	255.344g	281.544g	327.848g	343.24g
载荷最大位置	底甲板	底甲板	右侧甲板	底甲板	左侧甲板	底甲板

4. 工况四：对角支撑

(1) 静力学分析结果：在此工况下，最大应力发生在右第二、三平衡肘支架处，表现为应力集中，$\sigma_{max} = 833.12MPa$，最大变形发生在诱导轮右支架处，$U_{max} = 3.786mm$。

(2) 线性屈曲分析结果：此工况下不同模态阶数对应结果如表 5-4 所列。此工况下结构即将失稳的一阶模态载荷为 342.392g，易失稳位置为发动机顶盖。

表 5-4　模态阶数及对应载荷

模态阶数	1	2	3	4	5	6
对应载荷	342.392g	346.504g	369.552g	381.52g	391.488g	391.92g
载荷最大位置	发动机顶盖	左侧甲板	左侧甲板	炮塔底甲板	发动机顶盖	发动机顶盖

通过以上分析计算，可以清楚地看到整个车体所受应力及变形情况，从而获得其刚强度状况，与原坦克对比如表 5-5 所列。

表 5-5 两种车体结构应力、变形有限元分析数据对比表

工况结果	改制车体应力/MPa	改制车体变形/mm	原退役坦克应力/MPa	原退役坦克变形/mm
8 倍冲击	163.11	1.62	857	6.74
越壕沟	789.67	2.06	796	7.46
过垂直墙	1958.4	2.66	788	7.44
对角支撑	833.12	3.786	845	8.43

根据对车体结构的有限元分析计算结果,可以得到如下结论:改制后的车体刚强度均满足设计要求。结构合理,应力分布状态较为理想,在车体指标范围内的可靠性较好。

5.3 炮塔骨架轻量化设计

按照战斗坦克炮塔外形,采用内敷橡胶饰板、中铺龙骨、外敷钢板的方案,研制战斗坦克的模型炮塔,确保模型炮塔具有足够的抗冲击振动能力和对观摩室内人员的保护能力。在模型炮塔顶部开设左右两个舱门,供观摩室中的人员出入。用模型炮管替代火炮身管,确保模型炮塔可 360°旋转,模型炮管能够在 $-A_1°$、$+A_2°$ 高低向两个位置进行固定。

此炮塔作为教练车模拟炮塔。炮塔骨架是由材料为 Q235 的型钢焊接而成的,尺寸为 $L_A\text{mm} \times L_B\text{mm} \times L_C\text{mm}$,质量约为 M_0 kg。采用 CATIA 软件对炮塔骨架进行设计,初步设计的结构如图 5-4 所示。

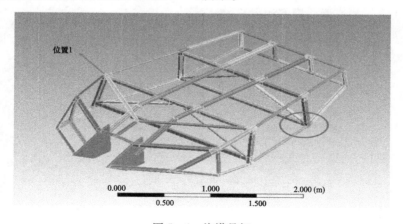

图 5-4 炮塔骨架

为了简化计算,在几何建模时认为接头的焊接强度满足强度设计要求,把型钢焊接接头处理成与型钢一体的结构。为了防止车辆在行驶过程中,发生侧翻等意外事故伤及车内人员,对炮塔骨架结构进行模态分析、静载荷下的强度计算,研究炮塔骨架的变形情况,根据分析结果对炮塔骨架结构进行修改优化,使之在外部载荷作用下变形最小。

5.3.1 炮塔骨架静载荷分析

车辆除去炮塔后,车体自重 M_1 kg,外形尺寸为 L_{A1} mm × L_{B1} mm × L_{C1} mm。炮塔骨架自重约为 M_2 kg。采用 ANSYS WORKBENCH 软件对炮塔结构强度进行计算分析。炮塔骨架底部与车体连接,其连接可以看作固定接触,即为全约束固定。静载荷计算载荷加载考虑两种加载方式:①单考虑车辆自身重量,车辆自重 M_1 kg 加载在炮塔骨架的上表面;②利用多刚体动力学软件 MSC. ADAMS,模拟车辆侧翻时炮塔与地面接触时的受力情况,作为静力学计算的初始载荷进行加载。

1. 有限元模型的建立

炮塔骨架结构材料选用 Q235,其材料参数如表 5-6 所列。

表 5-6 材料参数

密度/(kg/mm³)	弹性模量/MPa	泊松比
7.8×10^{-6}	2×10^5	0.3

根据骨架结构形式及预估变形,在不影响计算结果的前提下,为了缩短计算时间,网格划分时采用混合网格划分方法,大部分型钢部分采用 6 面体单元,而型钢焊接接头处采用 4 面体单元。通过网格尺寸无关性计算,确定单元尺寸分别为 20mm(6 面体单元)和 5mm(4 面体单元),单元总数为 721150 个,节点为 1968683 个。炮塔网格模型如图 5-5 所示。

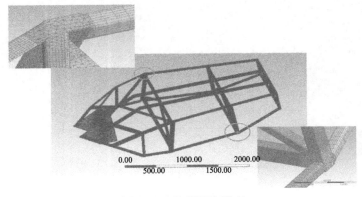

图 5-5 炮塔网格模型

考虑车体自重 M_1 kg，因此在炮塔骨架顶面型钢表面施加 M_1 kg 的均布载荷。约束施加在炮塔骨架的底部型钢与车体接触的表面，为了简化计算，采用全固定约束。

2. 结果分析

采用 WORKBENCH 自带的求解器对其进行计算。由图 5-6 变形云图可以看出，由于施加上表面的车辆自重均布载荷，最大变形发生在炮塔骨架的尾端，最大变形量为 36mm。这是由于载荷作用于骨架上表面，而尾部下表面和车体没有连接，骨架尾部的结构类似悬臂梁，从而造成此处的位移（变形）大。

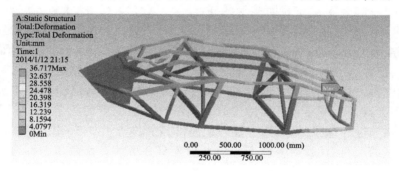

图 5-6　骨架变形云图

最大的等效应力为 2500MPa，主要发生在型钢焊接接头处，此处的材料已经失效。此接头处由 5 根型钢焊接在一起，彼此之间有接触，在外载荷作用下会产生相互作用，造成应力集中。由于骨架结构对称，均布加载，最大应力点是对称分布。另外，为了减少计算量，在建模时此处考虑为一体，默认为焊接强度满足要求，因此在实际焊接时要检验其焊接强度，以免在焊缝处开裂。

5.3.2　侧翻载荷结构强度分析

前面计算了车体自重作为载荷的炮塔骨架强度，但车辆侧翻时对炮塔骨架的作用力远大于车辆本身的自重，因此必须预知车辆侧翻时加载在骨架上的载荷。为了获得准确的车辆侧翻载荷，利用 MSC. ADAMS 动力学软件对车辆侧翻进行计算，得到炮塔骨架与地面接触时的受力情况。此力作为有限元静载荷分析的初始载荷分步施加在炮塔骨架上。

1. 车辆侧翻碰撞力计算

按照 GB/T 14172—2021《汽车、挂车及汽车列车静侧稳定性台架试验方法》标准，设计仿真实验。动力学模型由翻转台架、炮塔骨架和地面三部分组成，且三部分都设为刚体，采用刚体动力学进行计算。翻转台的转动速度为 0.2rad/s，车体和翻转实验台之间采用接触控制，为防止滑动，摩擦系数取 0.85。设置仿真计算时间为 300s，仿真步长为 0.01s。车体侧翻后，炮塔骨架与地面接触。图 5-7 所示为骨架与地面接触的两个瞬间。

炮塔骨架与地面碰撞力如图 5-8 所示。图中曲线有两个波峰：第一个为炮塔骨架一侧上横梁与地面接触的碰撞力，第二个为炮塔骨架另一侧上横梁

图 5-7 骨架与地面接触

与地面接触的碰撞力。骨架和地面都设为刚体，因此碰撞力比骨架与地面碰撞力要大，但在 ADAMS 中骨架与地面接触设置的接触刚度接近于钢与地面的接触刚度，所以计算结果较为接近实际情况；第二个波峰值比第一个波峰值大，是因为第二次骨架与地面碰撞时骨架所具有的速度比第一次大。在炮塔骨架结构强度计算时，采用第一次与地面接触的碰撞力 145t 作为骨架与地面两次碰撞的载荷，此载荷将作为有限元静载荷分析的初始载荷条件分步加载在炮塔骨架。

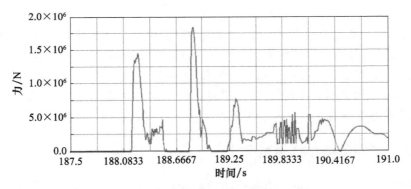

图 5-8 炮塔骨架与地面碰撞力

2. 有限元模型的建立

根据炮塔骨架与地面碰撞力，逐步加载在炮塔骨架上。

3. 结果分析

采用 WORKBENCH 自带的求解器对其进行计算。由图 5-9 变形云图可以看出，分步加载炮塔骨架与地面碰撞力，因此变形方式与前面计算的骨架变形不同，这种加载更贴近实际工况。加载的最大碰撞力为 145t，加载在炮塔骨架的侧边梁上，由于载荷是车重的 5 倍多，最大变形增加，变形量为 292mm，最大变形也

产生在炮塔骨架的尾端。另外，在骨架的中部两侧纵梁也发生了大的变形，其值约为128mm，但两侧立柱处并没有产生大的变形。基于这种情况，在骨架外加上蒙皮会降低侧梁的变形。

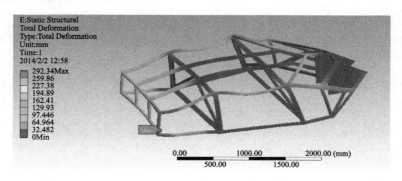

图 5-9 骨架变形云图

5.3.3 炮塔骨架自由模态分析

由于炮塔骨架结构的模态参数只与自身的结构有关，与外部载荷及约束条件关系不大，故在计算时不考虑外部载荷和边界条件，不施加任何载荷和约束，使其处于自由状态。自由模态分析采用同静载荷分析相同的有限元模型。采用PCG Lanczos 模态提取方法，求取炮塔骨架前6阶非刚体模态，得到炮塔骨架的前6阶非刚体固有频率及振型。炮塔骨架自由模态下前6阶非刚体固有频率及振型如表5-7所列。

表 5-7 炮塔骨架自由模态下前 6 阶非刚体固有频率及振型

阶数	频率/Hz	振型及最大变形
1	13.882	扭转 4.7mm
2	26.221	弯曲 5.7mm
3	28.749	扭转、弯曲 4.2mm
4	32.211	弯曲、下梁弯曲 10.7mm
5	34.008	弯曲、侧弯 3.2mm
6	34.223	弯曲、外扩 4.6mm

从振型形态，可以知道在某个自然共振频率下结构的变形趋势。若要加强结构的刚性，可以从这些较弱的部分来加强。例如，一阶扭转振型，表示炮塔骨架的尾部刚度是首先需要加强的部分。

5.3.4 约束模态分析

固有频率是随约束变化而变化的,因此在仿真计算时应考虑实际工况,计算有约束工况下的固有频率,即进行约束条件下的模态分析。约束模态,即按照实际的装配关系,在实际连接处施加固定约束,约束模态分析采用同静载荷分析相同的有限元模型,约束条件的施加也相同,即约束施加在炮塔骨架的底部型钢与车体接触的表面,采用全固定约束。炮塔骨架约束模态下前6阶非刚体固有频率及振型如表5-8所列。

表5-8 炮塔骨架约束模态下前6阶非刚体固有频率及振型

阶数	频率/Hz	振型及最大变形
1	34.269	下横梁弯曲 12.3mm
2	45.619	弯曲 6.6mm
3	50.224	扭转 7.4mm
4	59.377	下横梁弯曲 15.4mm
5	66.269	扭转 7.8mm
6	70.559	前端弯曲上拱 5.5mm

5.3.5 炮塔骨架结构修改方案

通过对原始炮塔骨架结构的强度、刚度和模态分析,可以看出在某些部位上需要改进加强。修改后的炮塔骨架结构如图5-10所示。

图5-10 修改后的炮塔骨架结构

结构修改说明：

（1）在骨架尾部增加斜拉筋，加强尾部的刚性，见图5-10中件号1。

（2）在骨架中部，改变原来的拉筋方向，增加竖直的支撑柱，见图5-10中件号2、3。

（3）增加一个骨架纵向槽钢与斜槽钢间拉筋，同时提高斜槽钢的角度使之与上方型钢接触，增加该部分的刚性，见图5-10中件号4。

（4）根据与车体的连接方式，改变该部分结构，见图5-10中件号5。

5.3.6　炮塔骨架结构强度对比分析

结构修改后，炮塔骨架自重约为313kg。重新进行炮塔骨架静载荷、模态分析和炮塔骨架有限元计算的网格划分。约束施加在炮塔骨架的底部型钢表面，包括底面两个槽钢截面，采用全固定约束。

采用WORKBENCH进行计算，结果如图5-11所示。由于施加上表面的车辆自重均布载荷，最大变形发生在炮塔骨架的尾端，由于结构上增加了两根斜拉筋，最大变形减小为15.7mm，特别是骨架前端中部两个斜梁（图5-11中箭头所示）的变形减小更多，其变形小于7mm，结构修改取得很好的效果。

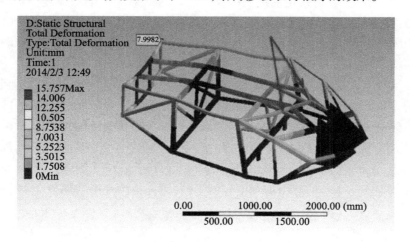

图5-11　骨架变形云图

通过炮塔骨架的等效应力云图可知：最大的等效应力大于1400MPa，在型钢焊接接头处，如图5-12所示Max点处。相比结构修改前，最大应力减小了近一半，而且最大应力产生的位置也发生了改变（最大等效应力产生在骨架的尾端接头处），同时最大位移（变形）也减小一半，这是由于在骨架尾端增加了两根斜拉筋的缘故，而且其他梁和立柱接头处的应力也降低。

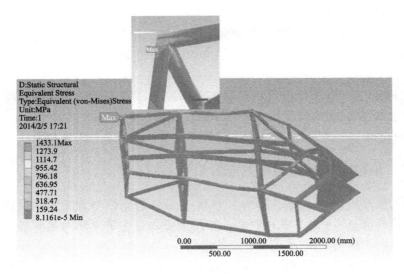

图 5-12 炮塔骨架的等效应力云图

修改后的炮塔骨架在质量上仅增加十几千克,因此车辆侧翻与地面的碰撞力没有太大变化,故仍采用前面 ADAMS 计算的结果作为结构强度分析的初始载荷条件。采用 WORKBENCH 自带的求解器对其进行计算。由图 5-13 所示变形云图可以看出,最大变形量约为 129mm,产生在炮塔骨架中部的纵梁中间,这与结构修改前最大变形(292mm)发生在炮塔骨架的尾端不同,并且在数值上减小一半以上。说明在骨架尾端增加两根斜拉筋对提高骨架整体强度起到非常重要的作用。修改后的结构在尾端的位移(变形)只有约 70mm。图 5-13 为未变形骨架与变形后对比图,图中浅灰色部分为未变形骨架的轮廓。从图中可知:产生最大变形的部位在炮塔骨架中部的纵梁中部,这与炮塔骨架外表面加 5mm 厚的钢板,在理论上产生变形的方式不同,加钢板后增加了炮塔的刚度,同时实际的加载方式与本节的静力加载也有所不同,因此最大变形的部位会发生变化。

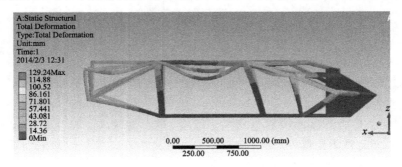

图 5-13 骨架变形对比

车辆侧翻碰撞力集中加载骨架结构强度分析如下：

以车辆侧翻碰撞力为初始载荷，载荷大小为 1450kN。载荷集中施加在图 5-10 所示位置 1 处型钢的接头处，主要目的是查看接头处立柱的承载能力及变形大小。求解计算后，得到骨架的变形及等效应力。最大变形为 52mm。由于在载荷作用下骨架结构的联动，最大变形发生在骨架的尾端，偏移了 52mm（向下位移 41mm）。位置 1 处的总变形约为 38.5mm。增加加强梁后，结构的 1 阶振动频率提高到 50.713Hz，前端横梁的振动变形也降低到 7mm 左右，说明通过增加加强梁以改善结构振动特性的方法是有效的。可以继续改进结构，不断调整加强结构的尺寸，直至获得高强度和良好稳定性的结构。约束模态骨架结构的固有频率均在 50Hz 以上，可以避开车辆外部激励引起的炮塔共振。

5.3.7 炮塔骨架结构修改前后对比分析

通过炮塔骨架两种结构方案的强度分析，不同加载方式下的变形结果如表 5-9 所列。

表 5-9 不同加载方式下的变形结果

最大变形/mm	加载方式	
	单步加载	分步加载
结构方案 1	36	292
结构方案 2	15.7	129

通过对炮塔结构设计方案的修改，结构在载荷作用下的最大变形明显减小，而且产生变形的位置也发生改变，位置的改变使骨架的结构强度有很大提高，说明结构的修改满足设计要求。对原设计方案进行结构强度和模态分析，根据分析结果对设计方案进行修改，并对修改后的结构进行结构强度和模态分析，分析结果表明，修改的结构方案大幅度提高了炮塔骨架结构的强度和刚度。在相同载荷作用下，结构的最大变形由 292mm 减小到 129mm，产生最大变形的位置也发生了变化，这个位置的变形可以通过后续焊接蒙皮加以改善。

5.4 炮塔结构动力学分析

从静力计算结果可以看出，炮塔骨架基本满足设计要求。但车辆侧翻时，车辆是有侧翻速度的，再加上车辆本身的自重，在测量侧翻时骨架的实际承载能力有多大,还需要进行车辆侧翻结构动力学仿真计算。

车辆侧翻碰撞是在非常短的时间内(一般在 0.15s 内完成)承受剧烈碰撞冲击荷载情况下发生的一种复杂的非线性动态响应过程。在这个过程中,涉及多种非线性问题,如大位移所引起的几何非线性,各种材料大变形所表现的材料非线性以及复杂的碰撞接触非线性等。在处理这类复杂问题时,一般采用动态大变形非线性有限元法代替常规的线性有限元法进行求解。

车辆侧翻是典型的车辆低速碰撞,属于大变形非线性问题,因此运用非线性有限元软件进行仿真分析是行之有效的方法。采用显示动力学软件 Autodyn,对车辆侧翻炮塔结构强度进行计算。车辆侧翻动力学分析包括以下仿真分析内容:①车辆侧翻炮塔骨架结构的动力学分析;②车辆侧翻炮塔结构的动力学分析;③提高侧翻速度(约 50%)车辆侧翻炮塔的动力学分析。

5.4.1 车辆侧翻炮塔骨架动力学分析

为了节约计算时间,把车辆侧翻简化为车辆固定、地面翻转,同时翻转过程省略,从地面即将接触炮塔骨架时刻开始。网格采用显示动力学划分准则,单元选择板壳单元,单元类型为 Shell181 单元,骨架的厚度为 4mm。单元尺寸为 15mm,单元数量为 48182,节点为 49476。炮塔材料的本构模型选择为双线性随动硬化模型。

炮塔骨架的约束方式,采用与实际工况相类似的固定方式,在骨架底面建立一个刚体板,骨架与刚体板采用接触绑定约束。利用 MSC.Adams 软件计算车辆侧翻与地面接触时的速度。根据国家标准 GB/T 14172 - 2021《汽车、挂车及汽车列车静侧倾稳定性台架试验方法》,侧翻试验台高度为 0.8m,考虑车辆的高度及质心高度,车辆高约为 2m,质心高约为 1m,计算得到车辆侧翻时炮塔与地面接触时的瞬时速度为 3.5m/s。考虑重力加速度的影响。注意:侧翻速度是指车辆翻滚速度,不是车辆的行驶速度。

计算仿真时间为 0.3s,计算步长为 1.9×10^{-7}。为了获取骨架上关键点的计算数据,选取骨架关键点如图 5 - 14 所示。参考点 1 是炮塔侧面先与地面的接触点,参考点 2 是炮塔另一立柱与地面的接触点,下面对应驾驶室。这两个点的位移直接关系到驾驶室的变形大小。由于这两个点相对于骨架结构而言比较突出,侧翻时最先与地面接触的位置。由计算结果可知:在侧翻速度为 3.5m/s,在 0.27s 时,骨架达到最大变形,变形量约为 621mm。这个变形是炮塔骨架的总体变形(包括 X、Y、Z 三个方向总和),并不是在炮塔骨架的高度方向(Z 方向)上的变形。

从参考点 1、参考点 2 处 Z 方向的位移时程曲线可以看出:参考点 1 的 Z 方向最大位移为229.73mm,参考点2的Z方向最大位移为476.68mm,相比炮塔结构的总变形(621mm),在炮塔高度方向变形小一些。翻滚时间为0.057s时等效应力最大,最大应力为1780MPa,出现在被压缩的炮塔尾段与地面接触的位置。由此可知,在发生二次碰撞时,对骨架的破坏更为严重。

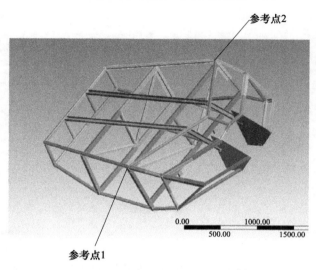

图 5-14　选取骨架关键点示意图

由参考点1和参考点2的碰撞速度时程曲线可知:当碰撞时间(翻转钢板与骨架接触)为0.0057s时,骨架参考点1的速度达到最大值,为4.84m/s。随着碰撞时间的继续,参考点1的速度将下降,最后趋近于零。在0.105s时,参考点2与翻转钢板接触,参考点2的速度达到最大值,为8.49m/s。随后速度下降,变形趋于平稳。从这两点的速度变化曲线可以看出骨架的变形、变形趋势和快慢,最终变形为621mm。从炮塔骨架的侧翻动力学计算,其结果显示,单纯的炮塔骨架并不能承受翻转速度为3.5m/s的侧翻,变形较为严重。因此,为验证炮塔骨架的承载能力,对炮塔骨架焊接5m厚的蒙皮,即炮塔结构进行相同工况的动力学计算。

5.4.2　车辆侧翻炮塔结构动力学分析

本节讨论炮塔骨架焊接蒙皮后的结构强度分析。焊接蒙皮后炮塔的结构如图5-15所示。蒙皮是厚度为5mm的Q235钢板。为了减少计算时间,骨架在前端没有焊接蒙皮,但从承载能力角度分析,对整体结构的影响不大,因此本次计算采用图5-15的结构。

蒙皮与骨架采用点焊方式,焊点间距100mm。图5-16所示为车辆侧翻炮塔骨架结构强度计算模型。网格采用显示动力学划分准则,单元选择板壳单元,单元类型为 Shell181 单元,骨架的厚度为 4mm,单元尺寸为 15mm,蒙皮钢板的厚度为 5mm,单元尺寸为 20mm,单元数量为 69180,节点为 70795。炮塔材料的本构模型选择为双线性随动硬化模型。

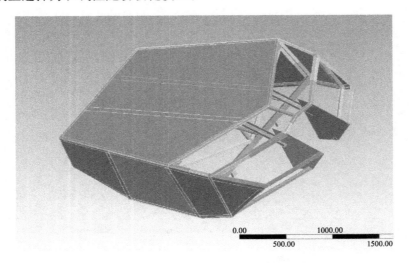

图 5-15　焊接蒙皮后炮塔的结构

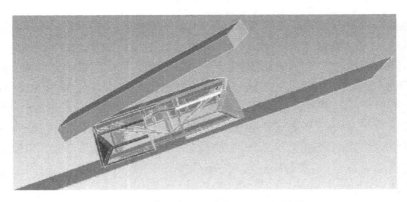

图 5-16　车辆侧翻炮塔骨架结构强度计算模型

炮塔骨架的约束方式同前。考虑重力加速度的影响,车辆侧翻的速度为 3.5m/s,计算仿真时间为 0.3s,计算步长为 1.906×10^{-7}s。仿真结果表明:

(1)当碰撞时间为 0.15476s,最大变形量为 138mm,产生最大变形的部位是侧面立柱的弯曲。

(2)参考点 1 的 Z 方向最大位移为 73.708mm,参考点 2 的 Z 方向最大位移为 124.84mm,相比炮塔结构的总变形(138mm),在炮塔高度方向变形小一些。

在发生二次碰撞时,炮塔结构的变形更大一些。但和无蒙皮的骨架相比,变形更小一些。

(3) 翻滚时间为 0.16s 时等效应力最大,最大应力为 1442MPa。

(4) 当碰撞时间(翻转钢板与骨架接触)为 0.0019s 时,骨架参考点 1 的速度达到最大值,为 3.318m/s。随着碰撞时间的继续,参考点 1 的速度将下降,随后有几次速度的波动,第一个波峰是由于翻转钢板在发生碰撞后受到反力作用向上移动,参考点 1 回弹的速度;第二个波峰是钢板与参考点 2 碰撞后的影响所致。在 0.101s 时,参考点 2 与翻转钢板接触,参考点 2 的速度达到最大值,为 4.6m/s。随后速度下降,变形趋于平稳。最终总变形为 138mm。

炮塔结构侧翻动力学计算结果显示,带蒙皮钢板的炮塔结构基本能承受翻转速度为 3.5m/s 和 5m/s 的侧翻,变形不大,基本满足设计要求。

5.4.3 不同结构、不同侧翻速度的仿真结果对比分析

1. 炮塔骨架和带蒙皮炮塔结构承载能力对比

两种结构形式的计算结果,如表 5-10 所列。在相同侧翻速度的情况下,焊接蒙皮的炮塔最大变形仅为 138mm,Z 方向的最大变形为 124mm,符合炮塔设计的安全要求。但要注意,焊接蒙皮时,需要确保焊接质量,焊点要保证强度,避免虚焊等问题。

表 5-10 两种结构形式的计算结果

结构形式	侧翻速度/(m/s)	最大总变形/mm	参考点1在Z方向最大变形/mm	参考点2在Z方向最大变形/mm
炮塔骨架	3.5	621	229.73	476.68
带蒙皮炮塔结构	3.5	138	73.708	124.8

2. 不同侧翻速度下带蒙皮炮塔结构承载能力对比

不同侧翻速度下带蒙皮炮塔结构的计算结果,如表 5-11 所列。两种侧翻速度的对比,可知侧翻速度越大,炮塔结构变形越大。在 5m/s(18km/h) 的侧翻速度下,车辆炮塔结构强度满足设计的安全要求。

表 5-11 不同侧翻速度下带蒙皮炮塔结构的计算结果

侧翻速度/(m/s)	最大总变形/mm	参考点1在Z方向最大变形/mm	参考点2在Z方向最大变形/mm
3.5	138	73.708	124.8
5	237	141.22	219.81

5.5 身管轻量化设计

通过校核身管的强度和挠度,避免在行驶过程路面颠簸条件下出现身管应力集中点的变形和损坏,分析应力集中点的抗弯强度,以提供是否需要对其进行加强和加固等改进措施的依据。计算依据为:假设身管为刚体,可以对其进行模型简化,身管与炮塔接触处受到均布载荷作用,以便对其刚度和强度进行分析。

5.5.1 强度校核

炮塔身管简化模型如图 5 – 17 所示,其端点 B 与行军固定器刚性连接,端点 A 与炮塔接触固定。图 5 – 18 所示为该模型的受力分析,假设身管与炮塔接触处受到均布载荷作用,基于该简化模型对身管的强度和挠度进行校核。其中,身管总长 $L = 6\text{m}$,A、B 之间长度为 0.7m,假设炮塔与身管连接处长度 $a = 0.1\text{m}$。

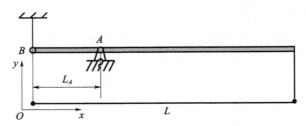

图 5 – 17 炮塔身管简化模型

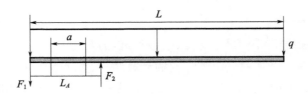

图 5 – 18 炮塔身管受力分析

基于断面法对杆的危险点进行剪切和弯曲强度校核分析。在图 5 – 17 中,以垂直于杆向上的方向为 y 轴正方向,以 B 到 A 的方向为 x 轴正方向,建立直角坐标系。在进行弯曲分析时,取顺时针方向的扭矩为正。需要说明的是,在进行剪切和弯曲强度校核分析时假设杆固定不动进行静力分析,考虑杆实际运动中存在较大的加速度和角加速度,所以在结果分析后给出较大的安全系数即可。

1. 剪切强度分析

基于断面法对杆进行静力分析。当 $0 \leq x < l_a - \dfrac{a}{2}$ 时,考虑 y 方向受力平衡,有

$$F_y - F_1 - \rho g A x = 0 \tag{5-5}$$

则

$$F_y = F_1 + \rho g A x \tag{5-6}$$

当 $l_a - \dfrac{a}{2} \leq x \leq l_a + \dfrac{a}{2}$ 时,有

$$F_y - F_1 - \rho g A x + \dfrac{F_2}{a}\left(x - l_A + \dfrac{a}{2}\right) = 0 \tag{5-7}$$

则

$$F_y = F_1 + \rho g A x - \dfrac{F_2}{a}\left(x - l_A + \dfrac{a}{2}\right) \tag{5-8}$$

当 $l_a - \dfrac{a}{2} < x \leq l_a + \dfrac{a}{2}$ 时,有

$$F_y - F_1 - \rho g A x + F_2 = 0 \tag{5-9}$$

则

$$F_y = F_1 + \rho g A x - F_2 \tag{5-10}$$

代入危险点 $x = l_a - \dfrac{a}{2}$ 和 $x = l_a + \dfrac{a}{2}$,有

$$F_{y1} = F_1 + \rho g A \left(l_A - \dfrac{a}{2}\right) \tag{5-11}$$

$$F_{y2} = F_1 + \rho g A \left(l_A + \dfrac{a}{2}\right) - F_2 \tag{5-12}$$

进行剪切强度校核,取 $F_y = \max(|F_{y1}|, |F_{y2}|)$,则有

$$\tau = \dfrac{F_y}{A} \leq [\tau] \tag{5-13}$$

式中:$[\tau]$ 为材料的许用剪切屈服强度;A 为材料横截面积,对于圆柱形杆,$A = \pi(R^2 - r^2)$。

2. 弯曲强度分析

基于断面法对杆进行力矩分析。当 $0 \leq x < l_a - \dfrac{a}{2}$ 时,考虑力矩平衡,有

$$-F_1 x - \dfrac{1}{2}\rho g A x^2 + M = 0 \tag{5-14}$$

则

$$M = F_1 x + \frac{1}{2}\rho g A x^2 \qquad (5-15)$$

当 $l_a - \frac{a}{2} < x \leqslant l_a + \frac{a}{2}$ 时,考虑力矩平衡,有

$$-F_1 x - \frac{1}{2}\rho g A x^2 + M + \frac{F_2}{2a}\left(x - l_A + \frac{a}{2}\right) = 0 \qquad (5-16)$$

则

$$M = F_1 x + \frac{1}{2}\rho g A x^2 - \frac{F_2}{2a}\left(x - l_A + \frac{a}{2}\right)^2 \qquad (5-17)$$

当 $l_a - \frac{a}{2} < x \leqslant l_a + \frac{a}{2}$ 时,有

$$-F_1 x - \frac{1}{2}\rho g A x^2 + M + F_2(x - l_A) = 0 \qquad (5-18)$$

则

$$M = F_1 x + \frac{1}{2}\rho g A x^2 - F_2(x - l_A) \qquad (5-19)$$

代入危险点 $x = l_a - \frac{a}{2}$ 和 $x = l_a + \frac{a}{2}$,有

$$M\left(x = l_a - \frac{a}{2}\right) = F_1\left(l_a - \frac{a}{2}\right) + \frac{1}{2}\rho g A \left(l_a - \frac{a}{2}\right)^2 \qquad (5-20)$$

$$M\left(x = l_a + \frac{a}{2}\right) = F_1\left(l_a + \frac{a}{2}\right) + \frac{1}{2}\rho g A \left(l_a + \frac{a}{2}\right)^2 - \frac{1}{2}F_2 a \qquad (5-21)$$

进行弯曲强度校核,判断 $M\left(x = l_a - \frac{a}{2}\right)$ 和 $M\left(x = l_a + \frac{a}{2}\right)$ 的大小,取 $M_{\max} = \max\left(\left|M\left(x = l_a - \frac{a}{2}\right)\right|, \left|M\left(x = l_a + \frac{a}{2}\right)\right|\right)$,则有

$$\sigma = \frac{M_{\max}}{W} \leqslant [\sigma] \qquad (5-22)$$

式中:$[\sigma]$ 为材料的许用弯曲强度;$W = \frac{\pi}{32}(R^4 - r^4)$。

5.5.2 动力学仿真

通过上面强度校核分析可知,要基于上述理论公式对杆进行强度校核分析,从而达到质量优化的目的,就需得到车辆在极限情况摔车时,杆 A、B 两端所受力 F_1 和 F_2 的最大值。为求解 F_1 和 F_2,基于多体动力学软件 Recurdyn,对某行驶车辆过两个连续弹坑的过程进行受力分析。首先,建立车辆模型和路面模型,路面弹坑的尺寸参数依据车辆训练教范建立。建立的多体动力学模型如图 5-19 所示。

图 5-19　车辆动力学模型

仿真过程中，车辆运动速度取 5km/h，对各个优化条件下杆 A、B 两端所受的最大力 F_1 和 F_2 进行求解。质量优化条件与 F_1 和 F_2 求解结果如表 5-12 所列。

表 5-12　质量优化条件与 F_1 和 F_2 求解结果

优化	外径 R/mm	内径 r/mm	质量/kg	转动惯量/(kg·mm³)	$F_{1\max}$/N	$F_{2\max}$/N
优化 1	50	10	352.864	458722.793	1000	29000
优化 2	50	20	308.756	447695.803	969	26000
优化 3	50	30	235.242	399912.178	967	20000
优化 4	75	15	793.943	2322284.139	980	64000
优化 5	75	30	694.700	2266460.001	990	56200
优化 6	75	45	529.296	2024555.403	989	43100
优化 7	75	60	297.729	1373273.794	970	24700

在通过多体动力学仿真分析获取到不同优化条件下的最大作用力 F_1 和 F_2 之后，将其带入强度校核公式进行计算，计算结果如表 5-13 所列。

20#钢的抗剪强度为 275~392MPa，45 号钢的抗弯强度为 355MPa。

表 5-13　计算结果

优化	剪切/Pa $\left(x = l_a - \dfrac{a}{2}\right)$	剪切/Pa $\left(x = l_a + \dfrac{a}{2}\right)$	弯曲/Pa $\left(x = l_a - \dfrac{a}{2}\right)$	弯曲/Pa $\left(x = l_a + \dfrac{a}{2}\right)$
许用值	$(275 \sim 392) \times 10^6$		355×10^6	
优化 1	1.8333×10^5	-3.6551×10^6	6.3192×10^7	-4.3633×10^7
优化 2	2.0228×10^5	-4.1856×10^6	6.3449×10^7	-4.6436×10^7
优化 3	2.4964×10^5	-5.5119×10^6	6.8607×10^7	-5.5211×10^7
优化 4	1.0965×10^5	-1.5920×10^6	2.2479×10^7	-7.9282×10^6
优化 5	1.1807×10^5	-1.8278×10^6	2.2167×10^7	-9.2761×10^6
优化 6	1.3912×10^5	-2.4172×10^6	2.3200×10^7	-1.2535×10^7
优化 7	2.0789×10^5	-4.3428×10^6	3.0869×10^7	-2.2919×10^7

考虑车辆运动过程中有较大的冲击加速度和角加速度,而建立的分析模型是假设静力平衡条件下的,所以校核过程中为了安全起见,取安全倍数 $S=15$,则满足条件的优化方案分别为优化 4、优化 5 和优化 6。其中优化 6 的质量最小,为 529.296kg,对应杆的内外半径分别为 75mm 和 45mm。

5.5.3 计算结果

身管轻量化设计分析计算结果如下:

(1)以上计算过程模型的建立是基于静力平衡,但实际车体运动过程是非静力平衡过程,所以在最后结果处理时加上了 $S=15$ 较大的安全倍数作为判定条件。

(2)计算中假设了炮塔与杆接触处长度 $a=0.1$m,且在该段距离上力的分布是均匀的,但实际该段距离上力的分布并不均匀,但函数关系未知。按照上述假设条件分析,增大接触距离 a 有助于提高安全性。

(3)计算发现 $x=l_a-a/2$ 和 $x=l_a+a/2$ 处的弯曲应力较大,工程加工中为了避免弯曲变形较大,可以适当增大杆与炮塔接触处杆的外径,然后再逐渐变细,或可在内部进行加强处理,如采用加强筋。这样最简单的方法是让支点 A、B 附近的内外径和未改之前相同,而其余部分可适当减重,选择外径为 100mm 的身管可以满足要求。

5.6 小结

为实现教练装备与主战坦克单位功率相近、底盘机动性能一致的设计要求,以原坦克底盘中发动机、变速箱和转向机等组成部件的安装位置和重量为约束,以车辆在越野路面行驶时所能够承受的最大垂直动载荷为输入,以车体薄弱部位的最大变形量和最大应力为评价指标,采用有限元和模态分析相结合的方法,对教练车坦克底盘车体结构进行了拓扑优化设计,最大限度地实现了对车体非承重部位的挖孔减重。减重后,教练车吨功率和越野平均速度提升约 30%,实现了退役装备底盘机动性能的跨代提升。

第 6 章　教练车机动性能计算

坦克驾驶教练车与对应型号的主战坦克不仅要求外观相似、操纵相似、观察感知性能相似,更主要的是,作为一种替代训练的车辆,其核心性能也要基本相似或者符合车辆设计基本原理。本章重点讨论所设计驾驶教练车车辆质心弹心位置计算、发动机动力性能、直线牵引性能、转向性能、通过性能等机动性能的计算验证方法,确保所设计的教练车机动性能与对应的主战坦克基本相同或相似。

6.1　车辆质心弹心计算

战斗全重控制是车辆设计中的一大问题。从提出要求、方案设计、部件设计、试验车、样车及批量生产,直至改进和变型,战斗全重经常有增无减已是一个客观的普遍规律。以战场竞争为目标的性能提高,往往都需要以一定的质量代价来换取,其结果是,质量经常超出预计,并且在性能越改越好的同时,越来越重。验证和约束整车战斗全重达到战技指标要求,为改进行动系统设计、调整车辆弹性中心、调整车辆平衡提供依据。

6.1.1　质心计算

1. 数据获取

坦克驾驶教练车战斗全重由原车部件重量、改制部件重量和更换或新增部件重量三个部分组成。各组件质量按照称重值进行计算。战斗全重可根据战斗全重组成分为查阅坦克图纸,改制方案模型分析,协作厂家提供三个来源。

(1) 原车部件。原车部件包括发动机、空气滤清器、冷却系统、润滑系统、排气系统、主离合器、转向机、制动器、主动轮、负重轮及悬挂装置、减震器、诱导轮和履带调整器、侧减速器、传动箱、方向机、高压泵操纵装置、风扇及风扇传动装置、加温系泵组、履带、通信设备。通过查阅坦克零部件图纸获得零部件重量数据。

（2）改制部件。改制部件包括燃油供给系统、变速操纵装置、转向操纵装置、主离合器操纵装置、变速箱、灭火装置、电气设备、全车观察仪、车体、检测仪表、随车备品。改制部件和新增设计部件，重量可通过部件改制方案模型质量分析得出。

（3）新增部件。新增部件包括驾驶椅、模型火炮、模型炮塔、观摩室内饰、液压系统、教练及乘员座椅、超越停车系统、教练指控系统、高压空气起动系统。新增部件中，外协件的重量由外协厂家提供。

2. 计算方法

战斗全重使用统计方法计算，统计全车所有部件质量，计算坦克驾驶教练车战斗全重。

采用力矩平衡法计算整车质心，即

$$M\begin{pmatrix}X\\Y\\Z\end{pmatrix}=\sum m_i\begin{pmatrix}X_i\\Y_i\\Z_i\end{pmatrix} \tag{6-1}$$

以车体纵向中心面与传动输出轴交点为坐标原点，车首方向为 X 轴正向，车体左方向为 Y 轴正向，车体上方为 Z 轴正向。分别计算各部件相对坐标原点力矩，求解整车质心位置。

3. 计算结果

质量质心计算结果如表 6-1 所列。

表 6-1 质量质心计算结果

项目	质量 W/kg	力臂 x/mm	力臂 y/mm	力臂 z/mm	力矩 x/mm	力矩 y/mm	力矩 z/mm
发动机安装	893	866.054	87.057	192.319	773386.2	77741.9	171740.9
冷却系统	236.85	-100	-400	900	-23685	-94740	213165
润滑系统	104	-248	644.15	213.103	-25792	66991.6	22162.71
空气滤清器	59.9	900.844	-529.05	315.313	53960.56	-31690.1	18887.25
排气系统	17.2	831.574	821.464	325.796	14303.07	14129.18	5603.691
主离合器	102.5	404.95	-512.11	-1.121	41507.38	-52491.3	-114.903
转向机	364.72	0	0	0	0	0	0
制动器	88.94	0	0	0	0	0	0
主动轮	253	-290	0	0	-73370	0	0

续表

项目	质量 w/kg	力臂 x/mm	力臂 y/mm	力臂 z/mm	力矩 x/mm	力矩 y/mm	力矩 z/mm
负重轮及悬挂装置	3794	2070	0	−302	7853580	0	−1145788
减震器	135.164	2130	0	−280	287899.3	0	−37845.9
诱导轮及履带调整器	391.64	4806.793	0	−236.876	1882532	0	−92770.1
侧减速器	621	−320	0	0	−198720	0	0
高压泵操纵装置	6.63	−1020	−700	−60	−6762.6	714000	−397.8
方向机	53.91	2941.776	533.31	844.95	158591.1	1568879	45551.25
传动箱	148	150	−800	0	22200	−120000	0
风扇传动装置	45.6	−459.265	−336.83	202.262	−20942.5	154694.2	9223.147
加温系统泵组	95	−100	−1260	420	−9500	126000	39900
履带	2756	2310	0	−280	6366360	0	−771680
驾驶椅	27.285	3739.845	521.546	−111.239	102041.7	1950501	−3035.16
燃油供给系统	205.6	2376.491	−161.452	331.272	488606.5	−383689	68109.52
变速箱	750	80.85	−9.699	111.625	60637.5	−784.164	83718.75
变速操纵装置	70	830	180	−40	58100	149400	−2800
转向操纵装置	104.2	75	5	−85	7815	375	−8857
主离合器操纵装置	45.7	3231.214	552.16	−143.71	147666.5	1784147	−6567.55
电气设备	510.19	3670	−1005	720	1872397	−3688350	367336.8
随车备品	163.506	−500	0	164	−81753	0	26814.98
车体	11514.27	2203.911	−4.246	180.781	25376426	−9357.81	2081561
炮塔	1848.46	2257.324	24.179	977.61	4172573	54579.84	1807073
模拟火炮	991.18	3380.185	−0.003	931.303	3350372	−10.1406	923088.9
通信设备	20	1953	854	269	39060	1667862	5380
教练及乘员座椅	100.9	2934.355	−254.53	47.873	296076.4	−746881	4830.386

续表

项目	质量 w/kg	力臂 x/mm	力臂 y/mm	力臂 z/mm	力矩 x/mm	力矩 y/mm	力矩 z/mm
全车观察仪器	26.7	3210	60	1020	85707	192600	27234
高压空气起动系统	12.92	2260	-810	30	29199.2	-1830600	387.6
检测仪表	8.5	1980	-560	475	16830	-1108800	4037.5
观摩室内部装饰	28	1438	-5	190	40264	-7190	5320
灭火装置	50	2690	-835	460	134500	-41750	23000
信息采集模块	48	3768.323	-44.558	73.69	180879.5	-2138.78	3537.12
教练指挥模块	25.881	3380.02	-885.949	449.019	87478.3	-22929.2	11621.06
超越停车装置	32.149	3690.538	-2.593	36.832	118647.1	-83.3624	1184.112
液压系统	61.749	271.01	164.542	235.413	16734.6	44592.53	14536.52
乘员+载员	240	3035.102	1.005	188.901	728424.5	3050.278	45336.24
燃油	546.5	2376.491	-161.452	331.272	1298752	-383689	181040.1
机油	73	-248	644.15	213.103	-18104	-159749	15556.52
战斗全重	—	质心坐标	X = 2012.4		Y = 10.5		Z = 149.8

整车质心位置为 X = 2012.4mm,Y = 10.5mm,Z = 149.8mm。与原车相比,教练车质心向车尾方向偏移了约 279.2mm;Y 方向质心的偏移为 10.5mm,偏移量较小,可忽略其影响;Z 方向质心降低了 95.3mm。

6.1.2 弹心计算

1. 计算方法

坦克的弹性中心是指在水平地面放置的坦克,由各负重轮处悬挂的弹性元件产生的,垂直向上共同作用在坦克车体上的等效作用点,简称弹心。它和重心共同确定车体的静平衡姿态。以每侧弹性悬挂数 n = 4 为例,车体支在弹性元件上可简化,如图 6-1 所示。当各弹簧刚度相等,其值为 k 和弹簧垂直变形量为 f_i 时,4 个弹性力分别为

$$P_1 = f_1 k; P_2 = f_2 k; P_3 = f_3 k; P_4 = f_4 k \quad (6-2)$$

其作用点的位置分别为 l_1、l_2、l_3、l_4,如图 6-2 所示。弹心位置在 l 处:

$$l = \frac{f_1 k l_1 + f_2 k l_2 + \cdots}{f_1 k + f_2 k + \cdots} \quad (6-3)$$

当 $l = x$ 时,即 P、G 相对时,车体取得平衡,否则 P_1、P_2、P_3、P_4 不合实际分配情况,会造成倾斜。

$l - x = e$ 为偏心距,力偶矩 $G \cdot e$ 造成倾斜角 θ。

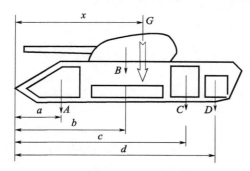

图 6-1　车辆重心位置计算

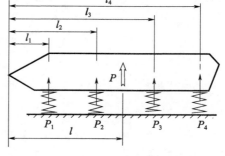

图 6-2　车辆弹心位置计算

2. 悬挂系统动力学模型

为实现改装后的教练装备与主战装备车体距地高相等且车体姿态仍保持平衡,构建了车辆悬挂系统动力学整车模型,即 $2n + 3$ 自由度模型(n 为单侧负重轮的个数,$n = 5$)。忽略负重轮变形后,该模型可简化为图 6-3。

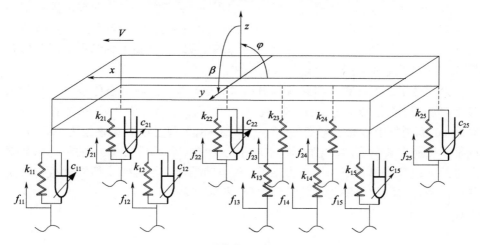

图 6-3　车辆悬挂系统 3 自由度模型

令 w_{11}、w_{12}、w_{13}、w_{14}、w_{15} 分别为以车辆运动方向为参考方向,左侧第 1~5 负重轮相对车体的动行程,w_{21}、w_{22}、w_{23}、w_{24}、w_{25} 为右侧第 1~5 负重轮相对车体的动行程,建立整车悬挂系统动力学模型为

$$\begin{cases} m\ddot{z} + \sum_{i=1}^{2} c_{1i}\dot{w}_{1i} + c_{15}\dot{w}_{15} + \sum_{i=1}^{5} k_{1i}w_{1i} + \sum_{i=1}^{2} c_{2i}\dot{w}_{2i} + c_{25}\dot{w}_{25} + \sum_{i=1}^{5} k_{2i}w_{2i} = \sum_{j=1}^{2}\sum_{i=1}^{3} u_{ji} \\ I_{y}\ddot{\alpha} - \sum_{i=1}^{2} c_{1i}L_{1i}\dot{w}_{1i} + c_{15}L_{15}\dot{w}_{15} - \sum_{i=1}^{2} k_{1i}L_{1i}w_{1i} + \sum_{i=3}^{5} k_{1i}L_{1i}w_{1i} - \sum_{i=1}^{2} c_{2i}L_{2i}\dot{w}_{2i} + \\ c_{25}L_{25}\dot{w}_{25} - \sum_{i=1}^{2} k_{2i}L_{2i}w_{2i} + \sum_{i=3}^{5} k_{2i}L_{2i}w_{2i} = \sum_{j=1}^{2}\sum_{i=1}^{3} L_{ji}u_{ji} - \sum_{j=1}^{2}\sum_{i=1}^{3} L_{ji}u_{ji} \\ I_{x}\ddot{\beta} - \sum_{i=1}^{2} c_{1i}n_{1i}\dot{w}_{1i} - c_{15}n_{15}\dot{w}_{15} - \sum_{i=1}^{5} k_{1i}n_{1i}w_{1i} + \sum_{i=1}^{2} c_{2i}n_{2i}\dot{w}_{2i} + c_{25}n_{25}\dot{w}_{25} + \\ \sum_{i=1}^{5} k_{2i}n_{2i}w_{2i} = (\sum_{i=1}^{2} n_{2i}u_{2i} - \sum_{i=1}^{2} n_{1i}u_{1i}) + (n_{25}u_{25} - n_{15}u_{15}) \end{cases}$$

$$(6-4)$$

通过式(6-4)可以分析坦克悬挂改制前后的动力学特性。车辆的弹性中心与车辆的质量分布无关，只与扭力轴的刚度及其安装位置、安装角度有关。因此，如果不对扭力轴的安装进行改动，则车辆的弹性中心位置不变，而根据前面改装后车辆质心的计算，改装后车体的质心与原车相比向后偏移了279.2mm，因此需要对扭力轴的刚度或其安装位置、安装角度进行改进设计，使车辆的弹性中心处于满载时的质心和空载时的质心之间。

3. 弹心位置调整方法

改变弹性中心的方案有改变扭力轴的刚度、改变扭力轴的安装位置和平衡肘的安装角度三种。其中，改变扭力轴的刚度和安装位置的难度很大，不具有可行性，受最大限度采用原装件的约束条件影响，采取改变扭力轴和平衡肘安装角度的方法对教练车悬挂系统进行分阶调平。

因弹性中心的计算只与悬置部分有关，故计算其弹性中心位置时需要除去履带、负重轮及悬挂装置。根据已有技术资料，初始弹性中心的位置为 $X = 2223\text{mm}$，新弹性中心的位置变为 $X' = 1955.3\text{mm}$，故弹性中心偏移量为267.7mm，调整平衡肘安装角度时，以第五负重轮中心为参考点，两弹心之间的距离与悬置质量的乘积等于单侧前4根扭力轴的等效弹簧刚度，与需要调整的垂直位移及其到参考点之间的水平位移的乘积之和，表达式为

$$2kl_1(z_5 - z_1) + 2kl_2(z_5 - z_2) + 2kl_3(z_5 - z_3) + 2kl_4(z_5 - z_4) = mg(X - X')$$

$$(6-5)$$

悬置部分质量等于10个扭力轴等效弹簧变形量与等效刚度的乘积，表达式为

$$2kz_1 + 2kz_2 + 2kz_3 + 2kz_4 + 2kz_5 = mg \quad (6-6)$$

根据等效弹簧垂直位移与其分别至参考点的水平位移之比的相似性，可以得

$$\begin{cases} 2560(z_5 - z_1) = 3702(z_5 - z_2) \\ 1710(z_5 - z_2) = 2560(z_5 - z_3) \\ 860(z_5 - z_3) = 1710(z_5 - z_4) \end{cases} \quad (6-7)$$

联立式(6-5)~式(6-7)可求得每个平衡肘的等效垂直位移,再用 z_5 分别减去 z_1、z_2、z_3、z_4 可得到单侧前4个平衡肘需要调整的垂直位移:

$$\begin{cases} z_5 - z_1 = 18.6 \\ z_5 - z_2 = 12.9 \\ z_5 - z_3 = 8.6 \\ z_5 - z_4 = 4.3 \end{cases} \quad (6-8)$$

式中:l_1 为第一负重轮距离新弹性中心的距离,$l_1 = 2203.3\text{mm}$;l_2 为第二负重轮距离新弹性中心的距离,$l_2 = 1061.3\text{mm}$;l_3 为第三负重轮距离新弹性中心的距离,$l_3 = 211.3\text{mm}$;l_4 为第四负重轮距离新弹性中心的距离,$l_4 = 638.7\text{mm}$;k 为扭力轴等效刚度,$k = 200000\text{N/m}$;m 为悬置质量,$m = 21.12\text{t}$;L 为平衡肘长度,$L = 250\text{mm}$;z_1、z_2、z_3、z_4、z_5 分别代表第一平衡肘至第五平衡肘的垂直方向位移。当 $z_5 = 0$ 时可知:$z_1 = -18.6\text{mm}$,$z_2 = -12.9\text{mm}$,$z_3 = -8.6\text{mm}$,$z_4 = -4.3\text{mm}$,负号表示扭力轴、平衡肘向逆时针方向旋转。

车底离地高升高距离 $\Delta z'$ 的计算如下:

在计算调平的过程中,以第五中心为参考点,并非以第三中心或其附近的质心、弹心为参考点,可通过相似计算,得到弹心处垂直高度降低量 $\Delta z'$:

$$\Delta z' = \frac{1710 - 211.3}{1710} h_3 = -7.5\text{mm}$$

车辆减重以后,由于悬置质量减小,车体重心和车底距地高会上升,假设上升量为 $\Delta z''$,则

$$(M - M')g = Nk\Delta z''$$

代入参数可求得 $\Delta z'' = 40.8\text{mm}$,综合考虑两种影响可知,按照上述方法调平后,车体质心和车底距地高变化量:

$$\Delta z = \Delta z' + \Delta z'' = -7.5 + 40.8 = 33.3\text{mm}$$

原退役坦克的车底距地高为425mm,坦克驾驶教练车初始目标值为450mm,经计算,第五负重轮处车底距地高为450.8mm,与初始目标值基本一致,故只需调整前4个负重轮高度即可,计算值如下:

$$\begin{cases} z'_1 = 18.6\text{mm} \\ z'_2 = 12.9\text{mm} \\ z'_3 = 8.6\text{mm} \\ z'_4 = 4.3\text{mm} \end{cases}$$

即第一~四平衡肘依次需逆时针向上调整 18.6mm、12.9mm、8.6mm 和 4.3mm。

6.1.3 平顺性计算

车辆悬挂装置的固有频率 $f_0 = \frac{1}{2\pi}\sqrt{\frac{k}{m}}$，阻尼比 $\xi = \frac{c}{2\sqrt{km}}$。由表 2-1 可知，履带与负重轮的质量之和为 6.55t，扭力轴的等效刚度 $k = 2000000$N/m，单侧减震器等效阻尼系数 $c = 29430$N·s/m，则通过计算可知，原退役坦克的悬置质量为 29.45t，其固有频率为 1.31Hz，阻尼比为 0.12；驾驶教练车的悬置质量为 21.12t，其固有频率为 1.55Hz，阻尼比为 0.14。坦克装甲车辆等重型车辆的理想阻尼比范围为 0.1~0.3，减重后的驾驶教练车的阻尼比变化不大，且仍然在该范围之内，因此，车辆减重后不会对其平顺性造成较大影响。

根据统计资料，车辆多次碾压过的土路，路面轮廓可以概括为几种幅值与圆频率下简谐路型的叠加，波形函数为

$$y = \sum_i h_i \sin\left(\frac{2\pi}{L_i}x + \theta_i\right) \quad (6-9)$$

式中：y 为地面不平高程；h_i 为各谐波最大高程；θ_i 为各谐波的相角；L_i 为地面轮廓波长；x 为相对于原点车辆行驶距离。

由于车辆实际行驶的地面比较复杂，不可能对各种道路全部考虑；在路面谱中，履带和负重轮有吸收高频成分的作用；此外，试验目的是变阻尼对悬挂特性影响研究，故只选取最典型不平地面作为激振，路面函数为

$$y = h\sin\left(\frac{2\pi}{L}x\right) \quad (6-10)$$

式中：L 为 7~12m；h 为 0.2~0.4m。则路面空间频率 n 取值范围为 $1/12 \sim 1/7\text{m}^{-1}$，由此可得行驶速度和固有频率、空间频率的关系 $v = f/n$，分别得到改装前后对应车速范围为 33~56.6km/h 和 39.1~67km/h，已知坦克驾驶教练车最大行驶速度为 50km/h，较原退役坦克发生共振的概率有所降低。

6.2 车辆动力性能计算

发动机性能指标包括内容很广泛，主要有动力性、经济性、可靠性、结构紧凑性和制造成本等方面。对不同用途的发动机，对各项指标要求的着重点也不同。例如，对军用车辆发动机，一般要求有较高的动力性能，使用可靠或结构紧凑；而

固定式发动机则要求经济好、寿命长和制造成本低等。因此,对军用装备主要分析发动机的动力性指标和经济性指标。

1. 有效功率 N_e

有效功率 N_e 是发动机实际输出的功率,通常所说的发动机功率指的就是有效功率。对于四行程发动机,其功率表达式为

$$N_e = \frac{P_e \cdot i \cdot V_h \cdot n}{120} \tag{6-11}$$

式中:P_e 为平均有效压力(MPa);V_h 为汽缸工作容积(L);n 为发动机转速(r/min);i 为汽缸数目。

2. 有效扭矩 M_e

发动机工作时,其输出端的扭矩称为有效扭矩 M_e。扭矩是一个变值,通常所说的扭矩都指其平均值。它的大小与 P_e 成正比,其表达式为

$$M_e = 79.58 P_e \cdot i \cdot V_h \tag{6-12}$$

式中:M_e 为有效扭矩(N·m);V_h 为汽缸工作容积(L);n 为发动机转速(r/min),i 为汽缸数目。

3. 有效比油耗 g_e

每千瓦有效功率每小时消耗的燃料称为有效比油耗 g_e。其表达式为

$$g_e = \frac{G_T \times 10^3}{N_e} \tag{6-13}$$

式中:G_T 为发动机在有效功率为 N_e 时每小时消耗的燃料量(kg)。对于柴油机,$g_e = 217 \sim 285 g/(kW \cdot h)$;对于汽油机,$g_e = 300 \sim 325 g/(kW \cdot h)$。

坦克驾驶教练车均要求采用原退役坦克发动机,并未改变发动机性能,因此有关发动机动力性能仍旧采用原坦克动力性能参数。

6.3 直驶牵引性能计算

车辆的动力性或牵引特性是指车辆在各挡时的各种行驶速度下所具有的牵引能力。在同一地面阻力下行驶,车辆的动力性越好,则它的行驶速度越高。或在同一行驶速度下,车辆的动力性越好,它所能克服的行驶阻力越大。需要说明的是,由于车体和炮塔减重的影响,坦克的单位牵引力已经大幅提升,吨功率指标与所对应的主战坦克基本一致。

6.3.1 动力因数计算

驾驶教练车在各挡位下的牵引力和动力因数按下式计算：
牵引力

$$P_\partial = \frac{M''_g \cdot i_{Ti} \cdot \eta_T}{R} \qquad (6-14)$$

动力因数

$$D = \frac{P_\partial}{G} \qquad (6-15)$$

车速

$$V = 0.377 \frac{n}{R} \qquad (6-16)$$

式中：M''_g 为发动机的输出力矩；i_{Ti} 为坦克的总传动比；η_T 为坦克的总效率；n 为发动机转速。

可根据各参数的计算值对各挡位的牵引力及动力因数进行计算。

6.3.2 加速特性计算

在现代战争条件下，装甲车辆加速特性是直接关系到作战能力和生存能力的重要性能，车辆的加速性能是日益受到重视，成为战技术性能指标中最重要的指标之一。装甲车辆的加速性能标志着改变本身行驶速度的能力，通常以起步至加速到32km/h所需要的时间来评价。二代装甲装备，0~32km/h的加速时间为15~20s；发展到三代装甲装备时，加速性能优异的装甲车辆，加速时间已达到6s左右。

1. 加速度

$$a = F/m = g(D-f)\delta \qquad (6-17)$$

式中：D 为动力因数；g 为重力加速度；δ 为车辆质量增加系数，$\delta = 1.243 + 0.00328 i_{zong}^2$，$i_{zong}$ 为坦克的总传动比；f 为地面附着系数，在良好的土路上时，$f = 0.06$。

2. 加速时间

$$t = \sum_{i=1}^{n}(V_i - V_{i-1})/a_i \qquad (6-18)$$

式中：V_i 为车辆第 i 点速；a_i 为车辆第 i 点时的加速度；n 为0~32km/h车速微分数。

3. 起步时排挡选择

由于

$$\ddot{X}_1 = \frac{g}{\delta_0}(\beta D_{imax} - f_0) \qquad (6-19)$$

由此可见,随着起步时所用排挡增高,第一阶段的加速性能将变坏,即 $\ddot{X}_1$ 变小,加速时间加长,而且磨滑终了时的曲轴角速度也下降,使熄火的可能性增加。因此,合理选择起步排挡很重要。另外,随着单位功率增加,动力特性曲线将向上平移,其他条件相同情况下,各挡的输出牵引力较大,$D_{i\max}$ 增大,加速特性变好,$\ddot{X}_1$ 增大,t_1 减小。

6.4　车辆转向性能计算

转向性能是指坦克改变运动方向的一种能力。既和车辆结构、动力、转向机构有关,又和地面条件有关。不同转向机构在同一地面上有不同的转向性,同一转向机构在不同的地面上也有不同的转向性。因此,转向性能的好坏应以旋转快、占地小和消耗功率少为评价标准。

6.4.1　转向性能指标

转向性能指标主要包括平均旋转角速度、规定转向半径和转向单位阻力。

(1)平均旋转角速度。坦克的平均旋转角速度 ω_p 是指坦克在转向过程中转过的角度 α 与所用时间 t 的比值。ω_p 越大,坦克转向越快;ω_p 越小,坦克转向越慢。现有坦克平均旋转角速度 ω_p 在 (45°~70°)/s 范围内。对于双流传动机构或无级转向机构,常用坦克空挡转向(转向半径为零)时旋转一周所用时间的多少来评价其转向性能。例如,"豹"2 坦克空挡零半径转向旋转一周用 7s。

(2)规定转向半径。规定转向半径的多少,决定了坦克能够进行持续转向的可能性大小;规定转向半径越多,以规定转向半径转向的可能性越大,转向性越好。当坦克具有无级规定转向半径时,坦克随时能以任意的规定转向半径和任意长的时间进行转向,这种坦克具有最理想的转向性能。如果坦克只有一个规定转向半径,当路面不允许用该规定半径转向时,这时坦克要用非规定转向半径转向;为了防止烧坏摩擦元件,必须采用断续式转向,转向轨迹为一折线,转向过程是冲击式的,所以转向速度较慢,转向性能较差。最小规定转向半径的大小,决定了坦克转向时所占最小面积的大小。显然,最小转向半径越小,坦克在窄狭地面上转向的可能性越大,转向性越好。总之,规定转向半径越多,最小规定转向半径越小,转向性能越好。

(3)转向单位阻力。转向单位阻力的大小,表示了转向时克服内、外阻力的大小;转向单位阻力越大,表明转向阻力越大,转向越困难。当坦克的动力因数大于或等于转向单位阻力时,坦克可以做加速或匀速转向;当坦克的动力因数小于转向单位阻力时,坦克就不能做匀速转向。因此,坦克的转向单位阻力越小,坦克的动力因数越大,转向越容易,转向性也越好。

6.4.2 假设道路条件

转向牵引计算道路条件如表6-2所列,其中,$\mu_{\max}$为最大转向阻力系数,f为运动阻力系数,φ为附着系数。

表6-2 转向牵引计算道路条件

道路条件	草地	水稻田	农村松软路	农村土路	水泥路	柏油路
$\mu_{\max}$	0.85	0.5	0.44	0.64	0.39	0.42
f	0.08	0.16	0.1	0.06	0.039	0.043
φ	1	0.4	0.64	0.8	0.39	0.79

6.4.3 转向半径计算

1. 转向半径

坦克平地转向时,在理想状态下,不考虑履带板和地面存在滑移滑转时,转向半径计算方法为

$$R = \frac{\left(1 + \dfrac{V_1}{V_2}\right)B}{2\left(1 - \dfrac{V_1}{V_2}\right)} \qquad (6-20)$$

式中:V_1、V_2分别代表低速、高速侧履带速度,设转向时低速、高速侧履带速度比用转向比例系数a表示。可知,随着转向比例系数的加大,两侧履带的速度差越小,则转向半径越大。

2. 转向阻力矩

转向阻力矩以M_μ表示,即

$$M_\mu = \frac{\mu GL}{4} \qquad (6-21)$$

式中:M_μ为转向阻力矩;G为坦克重量;L为履带着地长。

6.4.4 转向力矩计算

转向力矩可表示为

$$M_z = (P_1 + P_2) \cdot \frac{B}{2} \qquad (6-22)$$

式中：M_z 为转向力矩；P_1 为低速履带制动力；P_2 为高速履带牵引力。

平地转向时，所需牵引力和制动力为

$$\text{转向牵引力：} P_{zq} = \left(\frac{\mu L}{4B} + \frac{1}{2}f\right)Gg \qquad (6-23)$$

$$\text{转向制动力：} P_{zz} = \left(\frac{\mu L}{4B} - \frac{1}{2}f\right)Gg \qquad (6-24)$$

从式(6.23)和式(6.24)可以看出，转向半径越大，则转向阻力系数越小，说明选择小半径转向虽然对地面宽度范围的要求较小，但是需要较大的牵引力和制动力；相反，进行大半径转向则比较容易实现，但对地面宽度要求较高。

6.4.5 转向参数

1. 几何学参数

履带着地长 L 与履带中心距 B 的比值称为坦克转向几何学参数，用 q_j 表示。

$$q_j = \frac{L}{B} \qquad (6-25)$$

q_j 的值越小，同等路面同等转向半径条件下，转向所需牵引力和制动力越小，转向越容易。

2. 运动学参数

定义坦克转向时保持与直线行驶时同样速度的点与坦克纵向中心线距离为 Y，则运动学参数 q_y 可表示为

$$q_y = \frac{Y}{B} \qquad (6-26)$$

对于一定转向机构的坦克而言，q_y 不随任何值变化。

高速侧履带速度可表示为

$$V_2 = V_0 \frac{\rho + \frac{1}{2}}{\rho + q_y} \qquad (6-27)$$

低速侧履带速度可表示为

$$V_1 = V_0 \frac{\rho - \frac{1}{2}}{\rho + q_y} \qquad (6-28)$$

坦克中心速度可表示为

$$V_c = V_0 \frac{\rho}{\rho + q_y} \qquad (6-29)$$

式中：ρ 为相对转向半径，$\rho = \dfrac{R}{B}$；V_0 为转向时保持直线运动时速度的值。

3. 动力学参数

动力学参数定义为高速履带牵引力与低速履带制动力的合力 P_z 距离坦克质心的距离 Y_d，与履带中心距 B 的比为坦克动力学参数 q_d，即

$$q_d = \dfrac{Y_d}{B} \tag{6-30}$$

式中：$P_z = P_2 - P_1$。

水平路面上转向时：

$$q_d = \dfrac{q_j}{4} \cdot \dfrac{\mu}{f} \tag{6-31}$$

式(6-31)表明：q_d 为坦克转向与直线行驶难易程度比较的相对值，同等条件下，其值越大，转向越困难，值越小，转向越容易。

6.4.6 转向角速度

转向角速度以 ω 表示，计算式为

$$\omega = \dfrac{V_2}{R + \dfrac{B}{2}} = \dfrac{V_1}{R - \dfrac{B}{2}} = \dfrac{V_2 - V_1}{B} \tag{6-32}$$

通常来说，同等条件下，坦克转向角速度越高，转向性能越好。

由 $V = 0.377 \dfrac{r_z \cdot n}{i_{\text{zong}}}$ 及式(6-32)可知：

$$\omega = 0.04 \dfrac{(1-a) \cdot n}{i_{\text{zong}}} \tag{6-33}$$

式(6-33)表明，只要确定两侧履带速度比，就可以对各挡位各发动机转速条件下的转向角速度值进行计算。

6.5 车辆通过性能计算

6.5.1 陆地通过性评价指标

1. 平均单位压力

平均单位压力是评价装甲车辆克服松软地面能力的一个评价指标。

装甲车辆的平均单位压力是指履带单位着地面积上所承受的负荷，其值为

装甲车辆的战斗全重与履带着地面积的比值。它与履带行驶阻力和附着性能密切相关,同时也直接反映出装甲车辆在泥泞地段上的通过能力。平均单位压力越小,装甲车辆的下陷就越小,运动阻力也越小,装甲车辆的通过性能就越高。平均单位压力越大,装甲车辆的通过性能就越差。根据试验,当平均单位压力接近100kPa时,装甲车辆通过雪地、沼泽地的能力将急剧下降。因此,现代中型装甲车辆履带着地平均单位压力一般为60~80kPa,主战坦克平均单位压力一般为80~90kPa。

需要说明的是,平均单位压力仅是评价车辆通过性能的一个粗略指标。实际上,履带下接地处的压力是不均匀的,负重轮下和负重轮间有较大的波动,行动部分结构不同(主要是负重轮个数和履带的节距)的车辆,即使平均单位压力相同,在松软地面上的通过性也是不同的。平均最大单位压力作为履带车辆通过性的另一个评价指标能更好地评价车辆在松软地面上的通过性,比平均单位压力更准确。

平均最大单位压力即所有负重轮下最大压力的平均值。其估算公式为

$$P_{max} = 0.63 \frac{G}{n \cdot b \sqrt{l \cdot d}} \qquad (6-34)$$

式中:P_{max}为平均最大单位压力(kPa);G为车辆战斗全重(kN);n为每条履带上的负重轮个数;b为履带的宽度(m);l为履带板节距(m);d为负重轮的外径(m)。

大部分坦克的P_{max}值为180~270 kPa,经大量试验表明,对于履带车辆,当P_{max}值低于167kPa时,车辆在松软地面上会有很好的机动性;当P_{max}值超过294kPa时,车辆在松软地面上的机动性受到很大限制。对于在泥炭沼泽地区行驶的履带车辆,则要求P_{max}值不大于49kPa,若要通过浮动草甸沼泽地,则要求P_{max}值小于9.8kPa。

2. 牵引系数

装甲车辆的牵引系数是指单位车重的挂钩牵引力(也称净牵引力)。它表明装甲车辆在松软地面上加速、爬坡、牵引及破障的能力。其表达式为

$$\Psi = \frac{F_d}{G} \qquad (6-35)$$

式中:F_d为装甲车辆的挂钩牵引力;G为装甲车辆的重力。

3. 最大爬坡角和最大侧倾坡角

装甲车辆的最大爬坡角和最大侧倾坡角表明装甲车辆的坡道行驶性能。对于履带式战斗车辆对其最大爬坡角和最大侧倾坡角的要求远远高于普通车辆。最大爬坡角属于设计指标,由于装甲车辆爬坡时需要较大的牵引力和附着力,最大爬坡角的大小一般受发动机牵引力和附着力中较小一个力的限制。其大小可分别按发动机牵引力与运动阻力和下滑力的平衡方程或附着力与运动阻力和下

滑力的平衡方程来求得,通常在 25°～35°。

最大侧倾坡角与最大爬坡角有所不同,由于侧倾坡上的受力特点,决定了车辆在侧倾坡上运动时,运动阻力减小,所需牵引力减小,也就不受发动机牵引力指标的限制。同时,履带式装甲车辆低矮的结构特点,决定了其自身的横向稳定角较大(45°～60°),车辆不可能在这样大的侧倾坡上行驶,因为还未达到这样的侧倾坡之前,车辆就要横滑。因此,履带式装甲车辆的最大侧倾坡角是由附着力决定的,通常在 15°～45°。

4. 越壕宽

履带式装甲车辆的越壕宽是指车辆以低速法通过平地壕沟时,车头或车尾不掉入沟内的最大宽度。为保证车辆不掉入沟中,必须使车辆驶入壕沟时,重力作用线未越过驶入边沿前,前轮能搭上驶出边沿;驶出壕沟时,重力作用线已越过驶出边沿,后轮才离开驶入边沿,如图 6-4 所示。否则不是车头掉入沟中,就是车尾掉入沟中。现代主战坦克的越壕宽通常为 2～3m。

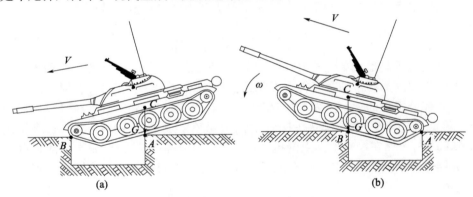

图 6-4 车辆通过壕沟的条件

5. 车首轮轴心距地高

装甲车辆的车首轮轴心距地高是指前诱导轮(或前主动轮)轴心距离地面的垂直高度。它主要反映了装甲车辆通过垂直墙式障碍物的能力。现代装甲车辆的车首轮轴心距地高一般大于 0.75m。

6.5.2 爬坡角计算

坦克爬坡时,所需牵引力随着爬坡角的增大而增大。当坡度增加到某一数值后,或因发动机牵引力不足而熄火,或因附着力不够而打滑,使坦克不能顺利通过坡道,这时的爬坡角为坦克最大爬坡角,用 α 表示,坦克上坡受力示意图如图 6-5 所示。

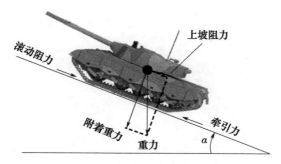

图 6-5　坦克上坡受力示意图

1. 按发动机牵引力确定最大匀速爬坡角

若地面附着条件良好,附着力能够保证发动机牵引力的充分利用,则坦克在匀速爬最大上坡角时,发动机最大牵引力必须等于上坡总阻力,才能维持坦克的匀速运动。则

$$F_{\max} = fMg\cos\alpha + Mg\sin\alpha \tag{6-36}$$

式中:$F_{\max}$ 为发动机最大牵引力;f 为地面阻力系数;M 为车体总质量。

由式(6-36)可知,发动机牵引力越大,地面阻力系数越小,坦克质量越轻,则最大爬坡角越大。

2. 按附着力确定最大匀速上坡角

若地面附着情况不良,附着力小于发动机牵引力,这时附着力等于坦克牵引力,则由附着力来确定最大匀速上坡角。附着力等于上坡总阻力时,坦克即可匀速上坡,即

$$\varphi Mg\cos\alpha = fMg\cos\alpha + Mg\sin\alpha \tag{6-37}$$

变换式(6-37)得 $\tan\alpha = \varphi - f$,取农村土路的参数 $\varphi = 0.8, f = 0.06$,可求得 $\alpha = 36.5°$。由上述两种方法综合确定,计算所得较小的角度,即为爬坡角。

6.5.3　侧倾角计算

坦克在侧倾坡上受力如图 6-6 所示。
坦克在侧倾坡上受到横向侧滑力为

$$F_{侧} = Mg\sin\beta$$

横向阻力 $F_{横} = \mu Mg\cos\beta$。

此种工况下,发生侧滑会产生剪切土壤的力,因此履带所受横向阻力与转向时受力形式一致,阻力系数取转向阻力系数 μ,只要坦克横向阻力大于或等于横向侧滑力,坦克就不会发生侧滑,可以在侧倾坡上行驶,即

$$fMg\cos\beta \geq Mg\sin\beta \Leftrightarrow f \geq \tan\beta$$

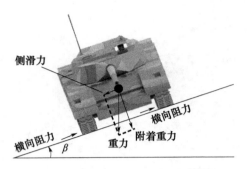

图 6-6　坦克坡上侧向受力示意图

取农村土路 $\mu = 0.64$，则 $\beta = 32.62°$，驾驶教练车最大侧倾坡角度满足设计要求。

坦克的爬坡角及侧倾角需在纵向稳定角及横向稳定角范围内，纵向稳定角及横向稳定角即坦克静置于侧倾坡上而不至翻车的最大坡度角，资料显示，一般坦克的纵向稳定角为 $50°\sim 70°$，横向稳定角为 $45°\sim 60°$，远大于以上求得的最大爬坡角和侧倾角。

6.6　小结

经过舱室布局优化设计、车体减重、换挡机构改进、悬挂系统分解调平以及驾驶室人-机-环的一致性改装，实现了坦克驾驶教练车与主战装备单位功率、外形尺寸、机动性能、人-机-环等多种训练要素的一致性。保证了驾驶员操作教练车时所获得的感知技能、操作技能能够正向迁移至主战装备，且从驾驶动作决策到装备机动效果反馈的驾驶训练全过程与主战装备完全一致，满足了利用退役装备替代新型主战坦克开展驾驶训练的多目标需求。

第 7 章　教练系统集成设计

教练系统是辅助教练员指导驾驶训练的工具,是教练车区别于主战装备的主要特征。前文把教练员辅导功能概括为观察、指导、评估、干预,并对应教练员潜望镜、教练室仪表(区别于驾驶室仪表)、驾驶员动作观察系统、教练员辅助指挥系统、教练员超越停车系统、驾驶技能考核评估系统等软硬件设施。本章主要论述教练员监视、指挥、超越停车等辅助教练系统的设计思路、部件组成和工作原理。考核评估系统相关内容将在后面章节进行论述。

7.1　教练监视装置设计

作为教练车的负责人,训练过程中教练员需要全面了解车辆的行驶环境、技术状况和驾驶员训练情况。但在传统的设计思想中,坦克均采用了隔舱化设计,驾驶室内只能容纳驾驶员 1 人,没有多余的空间容纳教练员。因此,需要借用坦克其他舱室或者重新开设教练室。这种隔舱化设计的总体方案使得教练员无法直接利用驾驶室内的潜望镜、仪表等器材,也无法直接看到驾驶员操作,所以需要借助专门的观察器材来实现教练员各种监视功能。

7.1.1　教练员潜望镜设计

教练员潜望镜用于协助教练员观察坦克的行驶环境,要求教练员潜望镜的观察视野不小于或者优于驾驶员观察视野。国内外坦克驾驶教练车,如果沿用原有舱室布局设计,多数采用原车长或炮长室作为教练员舱,使用车炮长的周视观察镜观察车辆行驶环境。如果新开设教练室,多数把教练室设置在车体前部,与驾驶员并行位置,以使教练员获得更好的观察视野。如果由于车辆结构关系,教练室设置在无法获得良好观察视野的车体内部或者底部,也可以通过车外安装摄像头来观察车辆行驶环境。同前文驾驶员潜望镜设计要求相似，通常用视界、盲区等参数来描述教练员潜望镜设计要求。某驾驶教练车教练员潜望镜视界设计要求如表7-1所列。

表7-1 教练员潜望镜视界设计要求

车型	主潜望镜/(°)		辅潜望镜/(°)		最大视界/(°)	垂直视界/(°)	盲区/m
	瞬时视界	最大视界	瞬时视界	最大视界			
教练车	65.6	86.5	48.5	73.3	62.8	10.8	5.0

7.1.2 驾驶员动作监视系统设计

教练员只有随时能看到驾驶员动作，才能及时发现错误，给予指导。飞机的教练机中，通过前舱内安装摄像头来监视飞行员动作。隔舱设计的坦克中，驾驶员动作监视系统主要由带摄像头的视频监控系统组成。设计时，除了需要选择摄像头的视场角、分辨率，还需要考虑摄像头的数量和安装位置，安装位置要求既不能妨碍驾驶员操作，又要用尽量少的摄像头看清楚驾驶员所有动作。根据车辆驾驶室内操作空间和操作件数量，可采用1或2个摄像头。如图7-1所示，采用上下两个摄像头来重点观察驾驶员手和脚的操作。

图7-1 驾驶员动作监控视频截图

对驾驶员动作的观察除了采用视频监视方式，也可以通过后文的驾驶动作信息采集系统实现，利用传感器把驾驶员对所有操作件的状态改变记录为操作件的位置变化或者状态变化，利用驾驶动作曲线来反映驾驶员动作。

7.1.3 教练员仪表监视系统设计

虽然所有车辆都在驾驶员处安装有相应的监控仪表，但新训驾驶员往往由于经验不足、紧张、注意力分配不合理等原因，而忽视车辆仪表的数值显示或报警信息。驾驶训练过程中，教练员除了需要观察车辆行驶环境、驾驶员操作，还必须关注车辆运行状态信息,防止车辆出现油温水温过高、润滑压力过低等各种故障情况。

原坦克均在驾驶室内设置有各种仪表显示装置和获取显示信息的传感器,因此教练员仪表观察系统设计时,需要考虑的问题是,如何把驾驶室的仪表信号并行分配到教练室,并且不影响原驾驶室内的仪表显示准确性。

某教练车为保证原车仪表和采集终端都能正常工作,采用信号处理技术,通过信号分配器等比例处理原车传感器输出的电压信号,然后调制成脉冲信号,经过变压器隔离后,解调为电压信号,并分配为两路输出:一路给原车仪表,另一路给教练员监控终端。教练员监控终端的驾驶动作监控和仪表显示信息如图7-2所示。

图7-2 教练员监控终端驾驶动作监控和仪表显示信息

7.2 教练指挥装置设计

7.2.1 教练指挥装置组成

为解决教练员对驾驶员可靠指挥的难题,对原坦克语音通话装置、潜望镜和工作帽进行了改进设计。在驾驶员潜望镜内嵌入了驾驶动作LED指示灯,形成了一种指挥功能型坦克驾驶潜望镜;在原坦克帽底部边缘前后左右加装了4个驾驶动作振动指示器,构成了一种振动指挥式坦克驾驶工作帽;构成了一套由语音通话装置、振动指挥式坦克驾驶工作帽、指挥型驾驶潜望镜构成的集声光振一体的驾驶动作指挥装置,通过总线连接至教练室指挥手柄,实现了驾驶员动作的多维同步指挥,避免了车辆颠簸振动、噪声等舱室恶劣环境对教练过程的干扰。多维驾驶指挥装置组成如图7-3所示。

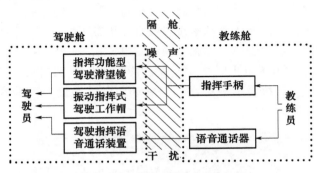

图7-3 多维驾驶指挥装置组成

教练室指挥手柄标有前、后、左、右4个指令位置,分别代表加速、制动及左、右转向指令。训练过程中,教练员通过操作指挥手柄,使潜望镜内的指示灯和坦克帽用振动器同时工作,加上教练员在电台中的语音指挥,实现声、光、振三位一体的多维驾驶指挥。

7.2.2 教练指挥装置使用

车辆启动后,打开教练指挥模块中控制盒上电源开关及显示屏上电源开关,教练员通过指控台上的指挥手柄及车内通话器,便可控制驾驶员潜望镜上的指示灯、驾驶员佩戴的装有振动马达的坦克帽以及通话语音。通过上述的提示使驾驶员可通过教练员下达的提示进行相应的转向操作、加减油门及制动操作,避免因为新手驾驶员心理紧张造成的观察不到位和操作不当发生意外事故。同时,在教练员显示屏处可显示车内驾驶员的操作动作及车后发动处的实时画面。车内乘员可通过安装在乘员舱内的显示屏与教练员同步观察驾驶员及车外情况。

采用教练员对驾驶学员及车外场地的实时监控,做到预先判断前方危险及处理方式,通过视觉、体感迅速直接传递给驾驶学员,从而降低危险系数。由于教练员可提前预判规避危险行为的路线并提示给驾驶学员,使得驾驶学员在今后类似情况下知道该如何规避风险。

车内乘员可通过乘员舱内的显示屏观察车外路况及驾驶员的操作动作,提前领悟行车感受、大致的操作要求及正确动作。做到最大限度地在心理上先克服在车上颠簸、噪声等造成的恐惧。

7.3 超越停车装置设计

驾驶训练过程中,道路情况随时变化,限制路障碍路段通过时操作复杂,驾驶员精神高度紧张,随时可能出现驾驶员不能处理的紧急情况,导致装备损坏人员伤亡事故。因此,要求坦克在发动机处于任何转速、变速箱处于任何挡位时,教练员都能够超越驾驶员实现坦克紧急制动停车。对于教练车而言,超越停车装置的设计显得尤为必要。

7.3.1 超越停车装置组成

超越停车装置由气瓶、减压阀、失压报警器、控制和执行机构等组成,具体如图7-4所示。

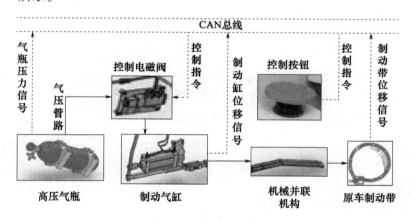

图7-4 超越制动装置组成及工作原理

超越停车装置采用高压空气驱动,控制机构主要采用电控方式,应急条件下也可采用手动控制方式,以控制高压空气的开启与关闭;执行机构安装于车内转向操纵机构的纵拉杆上,主要包括制动汽缸、解脱装置和制动杠杆等,用于控制操纵杆纵拉杆前后解脱并实施车辆制动;系统压力不在工作范围内时,失压报警器应报警。超越停车装置用以满足车辆行驶过程中,当遇到紧急或必要的情况时,教练员超越驾驶员实施快速停车制动的功能要求。

7.3.2 制动汽缸总成

制动汽缸总成主要由前纵拉杆、解脱装置、制动拉杆、汽缸固定板、接头及辅助装置等组成,如图 7-5 所示。

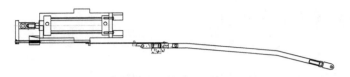

图 7-5　超越停车制动汽缸总成装配图

1. 操纵杆前纵拉杆

操纵杆前纵拉杆主要用来代替原车的操纵杆纵拉杆,不但能满足原来的使用要求,而且与闭锁装置相连,为前后纵拉杆的快速断开和结合提供前提条件。

2. 解脱装置

解脱装置主要用于解脱和连接操纵杆纵拉杆,由制动拉片、齿形接头、套筒、闭锁弹簧、固定螺钉等组成,如图 7-6 所示。

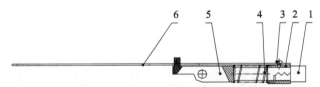

1—操纵杆纵拉杆接头；2—解脱装置套筒；3—固定螺钉；
4—弹簧；5—解脱装置齿形接头；6—拉片。

图 7-6　解脱装置构造

(1) 解脱装置齿形接头:正常状态下,通过与操纵杆前纵拉杆齿形接头啮合,连接操纵杆纵拉杆。辅助制动器工作时,该齿形接头与操纵杆纵拉杆解脱,同时在制动拉杆的作用下,通过拉片卡槽带动解脱装置齿形接头的销头做前后运动,从而使三臂杠杆运动,完成与驾驶员向后拉操纵杆相同的动作。

(2) 解脱装置套筒:通过弹簧的作用以保持解脱装置和操纵杆纵拉杆齿形接头处于啮合状态,保证在驾驶员操作时纵拉杆前后连成一体。一旦套筒受力压缩弹簧,两侧齿形接头便自然断开,保证了辅助制动与驾驶员操作相对独立。

(3) 固定螺钉:用以连接固定拉片和套筒。

(4) 拉片:用以连接齿形接头与制动拉杆。拉片上分别开有两个长槽 AB 段和 CD 段。

AB 段长槽保证操纵杆正常的总行程,操纵杆总行程为 135~150mm,最大不超过 160mm。

AB 段槽长设计尺寸为 164.5mm,当驾驶员做转向操作时,操纵件带动拉片做整体前后运动,制动拉杆在 AB 槽内做前后滑动,从而使驾驶员的操作与助教操作辅助制动装置互不影响。

CD段短槽将制动拉杆的力传递至三臂杠杆,同时在拉力开始传递时,确保解脱装置作用,使操纵杆前纵拉杆断开。原始状态解脱装置齿形接头上端销头处于拉片C处位置,当制动拉杆作用时,销头由C处移至D处,此时由制动拉杆传递的动力开始经拉片D点、解脱装置销头、三臂杠杆传至操纵杆后纵拉杆,最终使制动带抱紧大制动鼓。同时,由于CD段尺寸为26mm,而使解脱装置完全解脱,套筒需移动的行程为22mm,因此在三臂杠杆开始作用时,解脱装置已完全解脱,即操纵杆前纵拉杆已完全断开;使教练员在完成整个辅助制动动作的同时,操纵杆仍保持在原始位置,从而保证了教练员操作辅助制动装置与驾驶员操作动作的相对独立,如图7-7所示。

图7-7 拉片构造

(5)工作原理。

状态一:操纵杆在最前位置,此时解脱装置齿形接头由于闭锁弹簧的作用使闭锁套筒处于闭锁位置,操纵杆前纵拉杆与三臂杠杆处于可靠连接状态。

状态二:操纵杆进行正常操作时,分为两个位置:第一位置和最后位置(第二位置或制动位置),此时由于前纵拉杆与三臂杠杆可靠连接,闭锁装置齿形接头制动端在制动拉片的长槽内滑动,操纵不受影响。

状态三:教练员需进行超越制动时,弹簧拉片向车体后端运动,首先闭锁套筒在弹簧拉片的带动下向后运动,压缩闭锁弹簧,当齿端接头与闭锁套筒连接断开后,操纵杆前纵拉杆解脱,驾驶员动作失效,制动拉片继续向后运动,带动三臂杠杆向后运动(相当于操纵杆继续向后拉),当至最后位置时(相当于两侧操纵杆同时拉至第二位置),车辆制动,由于行星式转向机的构造特点,此时发动机不熄火。

① 制动拉杆。制动拉杆主要用于连接制动汽缸与操纵杆解脱装置,防止解脱装置自动解脱等,如图7-8所示。

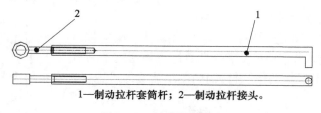

1—制动拉杆套筒杆；2—制动拉杆接头。

图7-8 制动拉杆构造

② 汽缸固定板。汽缸固定板主要用于汽缸固定并完成与制动拉杆的连接与导向。

7.3.3 气动控制总成

在机械操纵装置的基础上,加装气动控制装置,使人力操作改为气动控制。采用原车装备的压缩空气瓶,其存储气体标准压力为15MPa,而汽缸等执行件的额定压力为0.6~0.8MPa,不能超过1MPa,因此需专用减压阀,本节采用R11系列气体减压器,该减压器采用单级式膜片减压结构,母体与膜片采用硬密封形式,该减压器具备耐高压、寿命长、体积小、稳压性强、调压范围广等特点。

此外,该装置采用低压报警装置,该装置当系统压力低于0.6MPa时,自动报警,提醒操作人员及时为气瓶充气。

1. 气动执行件计算

根据驾驶员操纵杆受力,按驾驶员单臂施力50kg计算,单个操纵杆受力150kg,两侧操纵杆受力最大值为300kg,因此根据公式

$$D = \sqrt{\frac{4F_1}{\pi P}} \quad (7-1)$$

式中:F_1 为推力;P 为工作压力(MPa)。

经计算选择汽缸缸径为80mm,又根据操纵杆总行程为不大于160mm,闭锁装置解锁行程为不大于24mm,为此选择汽缸活塞总行程为200mm,因此选择XQGBxK1型汽缸,各参数值如表7-2所列。

表7-2 各参数值

缸径 D/mm	活塞杆直径 d/mm	工作压力 P/MPa		
80	25	0.6	0.7	0.8
输出力 F_1/N		3020	3520	4020

从表7-2中对应相关资料,得80×200型汽缸。

2. 气动控制原理

气动控制原理如图7-9所示。为实现教练员在车外和车上均实现对辅助制动的操作,本节确定采用遥控和电控并联的方式进行操作。车上教练员采用电控开关的方式进行操作,车下教练员可通过远程遥控的方式进行操作,二者任一动作执行,辅助制动装置即可工作。

7.3.4 超越停车装置工作原理

1. 原始工作状态

当驾驶员正常操作时,操纵杆通过其前纵拉杆、齿

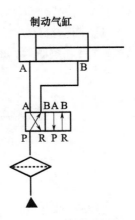

图7-9 气动控制原理

形接头纵拉杆端、解脱装置齿形接头与三臂杠杆连接,解脱装置闭锁套筒在闭锁弹簧的作用下使其处于闭锁状态,驾驶员操纵杆正常工作。工作时,解脱装置销头在制动拉片长槽内滑动,辅助制动装置不工作。

2. 教练员超越制动

教练员如发现紧急情况需超越驾驶员进行制动操作时,按下制动按钮,制动电磁阀工作,制动汽缸活塞杆通过制动拉杆拉动解脱装置拉片向后运动,拉片与解脱套筒一体压缩弹簧向后运动,当套筒向后运动行程为 24mm 时,解脱装置与操纵杆前纵拉杆断开,驾驶员操作失效。当拉片短槽 D 处与解脱装置后端销头的间隙消失后,汽缸活塞杆继续向后运动,则继续带动销头后行,从而带动三臂杠杆使操纵杆后纵拉杆前行,当活塞杆带动三臂杠杆至最后位置时,两侧行星转向机大制动带抱死大制动鼓形成制动。由于闭锁装置的作用,辅助制动器作用时,前纵拉杆断开,操纵杆并未有任何动作,不会影响驾驶员的驾驶动作,更不会伤到驾驶员。

3. 教练员远程超越制动

当车外教练员发现紧急情况需超越驾驶员和车上教练员进行操作时,按下遥控按钮,由于其与电控按钮是并联关系,制动电磁阀工作,辅助制动起作用(其余工作原理同上)。

7.3.5 超越停车装置验收方法

超越停车装置采用停车距离作为其功能性验收指标,采用超越停车成功率作为其任务可靠性验收指标。

1. 停车距离

超越停车装置应具备反应时间快、制动距离短且不妨碍驾驶员操作的特点。根据设计指标,超越停车装置要求在车辆以 32km/h 的速度在水平路面上稳定行驶时,用该装置进行停车,制动距离应不大于 $L(m)$。当车体前侧到达起点标志物所在地 A 点时,指挥旗落下,此时开始进行停车动作,车辆完全停止时,车体前侧所在点为 B 点,AB 之间的距离为停车距离。

为满足技术指标要求,教练员采用超越停车装置进行停车时,在不干涉驾驶员动作的基础上,其停车距离按发动机 1600r/min 时,验算各挡应达到的指标。

2. 超越停车成功率

假设要求超越停车成功率(最低可接受值)≥98%。根据多年等级驾驶训练的数据统计,作为每名学兵/学员在二级等级驾驶训练中,出现险情而需要动用超越停车装置的紧急情况平均为 2 次,分别出现实车驾驶训练前期的基础动作驾驶和训练中期的限制路及障碍物驾驶阶段。作为 1 个建制连,每个连 9 台车,每台车 3 人,每个人出现紧急情况 2 次,则 1 个连完成二级等级驾驶共需动用超越停车装置 54 次。同时,在这 54 次动用超越停车装置中,能够成为事故苗头的次数仅为 1 次。也就是说,即使不使用超越停车装置,在 54 次紧急情况中,仅会有 1 次能够酿成事故,其余 53 次均不会成为事故。

根据实车训练统计,1 个建制连训练完成 459 摩托小时的驾驶训练任务后,超越停车装置使用失败的平均次数为 1 次。按 1 个建制连动用 54 次、失败 1 次来计算成功率,其成功率的计算方法为

$$超越停车成功率 = \frac{54-1}{54} \times 100\% \approx 98.15\% \quad (7-2)$$

其验证试验方法,按二项分布定数方案验证值的评估方法进行:

$$\sum_{i=1}^{F} \binom{n}{i} R_L^{n-i} (1-R_L)^i = 1 - C \quad (7-3)$$

式中:C 为置信度,为单侧置信下限;n 为样本数;F 为失败数。

由此可知,在已知失败数 F、置信水平 C、成功率 R 的情况下,按单侧置信区间公式(7-3)即可推算成功率 R。当超越停车装置失败数 $F=1$,置信水平 $C=80\%$,成功率为 98% 的情况下,由 GB/T 4087—2009《数据的统计处理和解释 二项分布可靠度单侧置信下限》,查表可得,需要样本数 $n=160$ 次。

因此,为验证超越停车装置成功率大于 98% 的要求,只需进行 160 次操作试验,允许失败次数小于或等于 1 次,即能满足可靠性设计要求。通过台架试验来验证零部件的可靠性设计,同时找到装置关键重要部件,为可靠性设计提供依据,经过改进强化,最终达到装置提高可靠性的目的。

7.4 教练室开设

增设教练室是教练车区别于主战装备的主要特征。教练员所使用的仪表观察系统、驾驶员动作观察系统、辅助指挥系统、超越停车系统、考核评估系统等软硬件设施,尤其是人机交互界面,都要集中布置在教练室中。

从外军教练车研制情况看,教练室多数利用了原坦克的战斗室,通过更换带观察窗的模型炮塔实现,各种教练系统的人机界面都部署在原坦克底盘上。这种改装方案,优点是改装工作量较小,各种教练系统容易布置;缺点是坦克野外关窗行驶,教练员采取坐姿观察时,车体前方观察视野受限,盲区较大,无法满足教练员观察视野优于驾驶员的要求。当然,教练员也可以采用原坦克类似的车炮长的坐姿或站姿,把观察镜安装在原车炮塔门上,此时虽然能够解决前方观察

盲区的问题,但带来的新问题却是教练员仪表观察系统、驾驶员动作观察系统的显示终端难以布置在炮塔内部,难以布置在与教练员观察镜的同一视野高度。强行布置时,需要安装类似于炮塔旋转连接器的信号传输系统,会大幅增加改装成本。

综合考虑教练员观察视野、各观察系统显示终端布置和改装成本等问题,某教练车采用了把教练室开设在车体前部右侧,与驾驶室轴线对称位置的做法。教练室底甲板上安装教练员座椅,舱室顶部开设舱门,前部安装教练员潜望镜和驾驶员动作观察系统显示终端、车辆仪表监测系统显示终端,左侧安装超越停车装置按钮和教练指挥装置按钮,形成一个完整的教练员作业环境。

车辆启动后,打开教练指挥模块中控制盒上电源开关及显示屏上电源开关,教练员通过指控台上的指挥手柄及车内通话器,便可控制驾驶员潜望镜上的指示灯、驾驶员佩戴的装有振动马达的坦克帽以及通话语音。通过上述提示使驾驶员可通过教练员下达的提示进行相应的转向操作、加减油门及制动操作,避免因为新手驾驶员心理紧张造成的观察不到位和操作不当发生意外事故。同时,在教练员显示屏处可显示车内驾驶员的操作动作及车后发动处的实时画面。车内乘员可通过安装在乘员舱内的显示屏与教练员同步观察驾驶员及车外情况。采用教练员对驾驶学员及车外场地的实时监控,做到预先判断前方危险及处理方式,通过视觉、体感迅速直接传递给驾驶学员,从而降低危险系数。由于教练员可提前预判规避危险行为的路线并提示给驾驶学员,使得驾驶学员在今后类似情况下知道该如何规避风险。当出现驾驶学员不能处理的紧急情况时,教练员可按下超越停车按钮,实现坦克紧急制动并停车。

7.5 小结

针对教练员无法观察驾驶员操作和车辆工况的问题,设计了教练员潜望镜、驾驶动作监视系统、虚拟仪表监视系统。其中,虚拟仪表作为数字化训练信息采集系统软件的重要功能,可以在教练员终端界面上实时显示驾驶室各操作件的动作状态和车辆工况数值;同时在驾驶室、动力舱分别安装了驾驶动作和发动机工况的视频监控系统,在教练室单独设置了监控终端,以视频方式更直观地展现驾驶员动作和发动机工况。

针对教练员无驾驶指挥手段问题,通过对原坦克语音通话装置、潜望镜和工作帽改进,设计了一套由语音通话装置、振动指挥式坦克驾驶工作帽、指挥型驾驶潜望镜构成的集声光振一体的驾驶动作指挥装置,通过总线连接至教练室指挥手柄，实现了驾驶员动作的多维同步可靠指挥，避免了车辆振动、噪声等恶劣环境对教练过程的干扰。

针对教练员无安全控制手段的问题，在不改变原退役坦克底盘布局和主要零部件、不干涉驾驶员观察和操作的前提下，综合运用机电液气一体化改造技术，设计了一套适应重型履带车辆安装空间、能够与驾驶员并联操作、满足制动性能要求的高速履带车辆超越制动装置，确保了行车安全。

总之，在不改变原退役坦克底盘布局和主要零部件、不干涉驾驶员观察和操作的约束条件下，通过加装视频监控系统、设计驾驶动作指挥装置和超越制动装置，构建了信息化教练指挥控制系统，实现了驾驶训练的集成安装、可靠指控、安全高效。

第 8 章 驾驶动作信息采集系统设计

通过在教练车上设计 BIT 传感器、研制数据采集系统采集驾驶动作和车辆状态信息，运用矩阵理论识别驾驶动作，选取评价指标、建立评价模型评判驾驶技能，通过研制坦克驾驶教练车实现对坦克装甲车辆驾驶员驾驶动作的数字化记录、动作过程的识别和驾驶技能的客观评价，目的是克服坦克装甲车辆驾驶训练经验教学中存在的不足，实现驾驶训练从定性分析到定量分析的转变。深入分析常见错误动作的产生原因和驾驶技能的形成规律，进而对学员进行个性化教学及针对性指导，突出因材施教的教学原则，促进坦克装甲车驾驶训练效果和训练效率的快速提升，对推进机械化条件下军事训练向信息化条件下军事训练转变具有重要意义。

8.1 驾驶动作信息层次解析

为便于数字化描述和自动化识别，本节按照驾驶动作习惯、动作复杂程度等，把驾驶动作数据分为 5 个层次，如图 8-1 所示。各层次数据之间的关系依次递进，上层复杂动作均由下层动作组合而成。本节重点讨论与驾驶基础动作考评相关的原始数据层、单一动作层和协同动作层。

8.1.1 原始数据层

原始数据层是指安装在各操作件上的传感器所获取的操作件位移数据，如离合器踏板位移数据、油门踏板位移数据、制动踏板位移数据以及发动机转速和车速等，通常用数字形式记录，用曲线形式显示，本节所依赖的原始数据，均来自坦克驾驶教练车，数据采集频率为 25Hz/s。

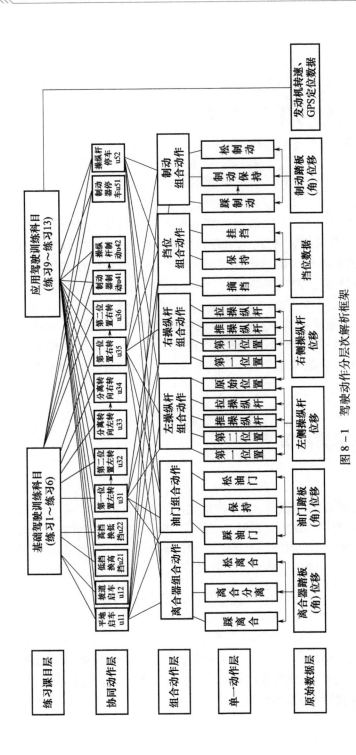

图 8-1 驾驶动作分层次解析框架

8.1.2 单一动作层

单一动作层是指某单一操作件一种相对稳定的运动状态。以常见的离合器位移曲线为例,如图8-2所示。当离合器踏板处在原始位置时,可以称为一个单一动作,标识为C1,特征为离合器位移数据处在其最大值附近;踩下离合器时,可以命名为一个单一动作,名称为C4,其特征为离合器位移数据处在不断减小过程中。根据操作经验和离合器踏板的位移特征,离合器单一动作共包括原始位置、分离位置、半联动位置、踩离合、松离合5个动作,分别编码为C(clutch)1、C2、C3、C4、C5。同样原理,挡位(drive shift)单一动作可分别编码为D0、D1、D2、D3、D4、D5、D6(倒挡)等,对应空挡和6个变速挡位。由于单一动作所对应的操作件数量和每个操作件的状态有限,坦克驾驶训练中共规定了30个单一动作编码,可涵盖所有操作件状态。单一动作可根据所采集的操作件位移数据状态变化(位移特征、速度特征)进行识别。例如,对图8-2所示离合器动作曲线,单一动作识别结果已用C1、C2、C3等标示在图中对应的曲线段。

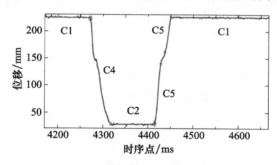

图8-2 离合器位移和离合器单一动作对应关系

8.1.3 协同动作层

把车辆驾驶过程中需要多个操作件按照一定时序组合的驾驶动作称为协同动作。以低挡换高挡动作为例,其步骤包括:①加油;②踏下主离合器踏板;③松开加油踏板;④将变速杆摘到空挡;⑤挂上高一级排挡;⑥迅速平稳松回主离合器踏板;⑦加油。把上述操作件的单一动作按照时序排列,可得到低挡换高挡这一协同动作编码为 A1C1A2A3A4C2C3D0D2C4C5C1A2A3。

协同动作表现为多个操作件多种动作状态的组合,理论上是无穷尽的,因此只能依据已有的驾驶经验和教材规定的标准动作编写协同动作编码串。驾驶考核标准中所涉及考评动作均为协同动作,一组典型的时序编码串如表8-1所列。需要说明的是,协同动作编码串不仅包括教材规定的标准动作,还包括驾驶员常犯的错误动作串。通常把根据各类标准定义的协同动作编码串库称为模板库。

表8-1 考核科目一标准协同动作编码(模板库)

动作名称	动作所包含单一动作码
一挡起车	C3C2D0D1C4C1
制动转向	TR3TR2TR4TR0
一挡换二挡	C3C2D1D0D0D2C4C1
二挡换一挡	C3C2D2D0D0D1C4C1
停车摘挡	B1B2C3C2D1D0C4C1B3B0

在完成驾驶员各操作件单一动作识别,获取各单一动作编码和开始时间后,可运用模式匹配的方法实现协同动作模式识别。编码串模式匹配的含义是:假设 P 是给定的子串,T 是待查找的字符串,要求从 T 中找出与 P 相同的所有子串的问题称为模式匹配,P 称为模式串,T 称为目标串。本章中,模式串 P 是指前文模板库(表8-1)中所包含的协同动作编码串,目标串就是对驾驶员实际操作进行单一动作识别后得到的字符串,即某一动作曲线,识别后得到驾驶动作字符串为 C0C3C2D2A3C4C1C0A5C3...A4C0A3A5。这样按照协同动作计数的基础驾驶动作练习考评问题,已经转变为在已知驾驶员完成多个单一动作的前提下,判断这些单一动作编码串中,共包含(完成)了几组标准协同动作的问题。

8.2 驾驶动作信息记录

利用传感器对操作装置的动作过程进行记录,利用信息技术和相应的数学方法实现这些动作数据的采集、积累、分析,发现操作过程中存在的不足并予以改进,已成为信息化条件下装备训练的主流趋势。

8.2.1 驾驶动作记录发展现状

车辆信息的采集是综合利用传感器技术、GPS 技术以及计算机技术等,获取车辆的位置、速度、加速度和转向等信息。关于车辆信息采集,国内外已经开展了一些研究,大致可归为三类:一是采集仿真驾驶车辆信息,用于驾驶行为研究并作为虚拟交通环境的驱动;二是实际车辆信息采集系统,用于采集实车在行驶过程中的各类参数;三是用于车辆运行状态监控的行驶记录仪,主要用作交通事故鉴定参考依据。目前,研究最多的是第三类系统,第二类系统不多见,第一类系统则是随着近年来虚拟交通环境的搭建而发展起来的。目前,各类系统的实现原理基本相同,均是采用加装传感器采集车辆操控的模拟或数字信号,通过信号采集仪对各类信息进行同步处理,并在上位机软件中予以记录的方式实现。

汽车行驶记录仪是对车辆行驶速度、里程、时间以及有关车辆行驶的其他状态信息进行记录、存储并可通过接口实现数据输出的数字式电子记录装置。例如,以 Cortex-M3 系列、新型 SAM3U4E 微处理器为核心,设计了一种基于 μC/OS-Ⅱ 操作系统的新型汽车行驶记录仪。该记录仪将普通机动车行驶记录仪和车辆定位导航远程监控系统有机结合起来,在能够记录、存储、打印、显示车辆运行速度、里程、时间以及有关车辆运行安全的其他状态信息为事故发生后提供事故责任判别依据的同时,还具有全球定位、连续跟踪、实时监控、超速超时报警等功能,从而能够实现车辆的动态监控,预防事故发生。

又如,基于 CAN 总线的行车记录仪设计和实现,所开发的行车记录仪可在车辆行驶过程中实时采集汽车 CAN 总线数据信息,并将数据存储在 U 盘中,以 U 盘为载体传输给计算机,可运用计算机上的软件对数据进行分析,克服了以往现场数据采集系统必须有一台计算机的模式,可实时了解汽车运行期间各种数据信息变化,同步记录行驶状况。

国外驾驶状态的数字记录最为突出的是 EDR(Event Data Recorder)的应用。EDR 是安装在汽车内用于记录车辆发生碰撞等事故的一种设备,在过去的几年中,商用 EDR 在公共交通领域得到了大量应用。综合运用视像、全球位置定位和传感器技术,记录事故发生前、发生时和发生后以秒计的一段时间内(一般可达 8s)的车辆信息,包括事故前的车速、制动器的使用、驾驶员安全带的使用、气垫报警灯工作状况、主动轮的角度和车辆纵向加速在内的 15 种以上的数据。EDR 在事故调查、危险管理、车辆保养等方面发挥了积极作用。

美军在 20 世纪 70 年代就开发了 M1A2 的驾驶技能分析系统,用于再现和评估乘员的操作过程,并为各种作战模拟提供基础数据。但是,这些训练都是基于模拟器进行的,在实车训练中,仍然是教练员进行经验教学,通过主观评价打分。例如,美国诺克斯堡训练基地训练研究实验室通过分析 M1A2 坦克初级驾驶员和专业驾驶员在宽度判断、加速和停车、转向等 8 个科目中驾驶表现的差异,对 M1A2 坦克驾驶技能衡量标准的合理性、有效性进行了分析,测试结果由教练员根据测试标准主观给出分数。

导弹部队发射人员的训练、空军飞行员的训练都是采用模拟器加教练机训练的模式,通过强调操作过程的数据积累、情景再现和效果评估,以提高训练效果。

坦克装甲车辆中,也安装有类似"黑匣子"的装置,积累了部分装甲车辆运行状态数据,但由于缺少相应的动作识别和驾驶技能评价模型,这些数据目前只用于反映装备技术状况的变化,而不能直接反映乘员的操作技能。

8.2.2 驾驶动作传感器选型

油门踏板、主离合器踏板、制动器踏板、变速杆等操纵杆件都是绕各自转轴按照给定轨迹运动,状态随时间连续变化。变速杆纵拉杆的位移在 L10 范围内,其他操纵件纵拉杆的位移在 L11 之间。可选用拉杆式、拉线式位移传感器,也可选择角位移传感器采集上述操纵件的运动信息。

拉线式位移传感器结合了角度传感器和直线位移传感器的优点,具有结构简单、输出信号大、使用方便、价格低廉的特点,缺点是不适宜嵌入式设计。拉线式位移传感器的功能是把机械运动转换成可以计量、记录或传送的电信号。它由可拉伸的不锈钢绳绕在一个有螺纹的轮毂上,此轮毂与一个精密旋转感应器连在一起,感应器可以是增量编码器、绝对(独立)编码器、混合或导电塑料旋转电位计、同步器或解析器。

拉线式位移传感器安装在固定位置上,拉线缚在移动物体上。运动发生时,拉线伸展和收缩。一个内部弹簧保证拉线的张紧度不变。带螺纹的轮毂带动精密旋转感应器旋转,输出一个与拉线移动距离成比例的电信号。测量输出信号可以得到运动物体的位移、方向或速率。

各位移传感器线端通过延长一段不可伸缩的接线缚在操纵件的纵拉杆上,为确保在前后两个方向上能够准确测量纵拉杆位移,各位移传感器都有一定的初始位移量。传感器及其接线与车内机件无干涉。

油门踏板、主离合器踏板、制动器踏板等易于采用角位移传感器进行 BIT 设计,方案是将踏板轴重新设计,增加角位移传感器轴连接位置,校正踏板轴与角位移传感器轴同心,设计套管并打孔引线。

对于车速信号和发动机转速信号,如果直接从仪表盘的车速里程表和转速表上读出,则精度较低,且无法对变化的车速、发动机转速进行实时的数据采集和存储。下面对车速和发动机转速信号采集装置进行介绍。

发动机转速表由指示器、磁电式传感器和连接导线组成。传感器安装在发动机体上,与发动机水平轴相连,由带圆盘的转子轴、线路板外壳和电线插座等组成。在圆盘上均匀地安装 8 个永磁磁钢。在这 8 个磁钢中,有 4 个是 N 极,另外 4 个是 S 极,N 极磁钢与 S 极磁钢在圆盘上相间安装。转子轴伸出的方键轴直接与发动机的转速传感器接口相连接。电路板上安装有一个霍尔开关器件和一个电阻器。

转速测量的原理是:当发动机工作时,其曲轴经联动机构带动转速表传感器的转子旋转,安装在转子圆盘上的4对磁钢随之转动。每当转子旋转一周时,这4对磁钢就会引起4次磁场极性的变化。由于安装在传感器电路板上的霍尔开关元件与这4对磁钢相距很近,磁钢旋转时产生的磁场极性变化会使霍尔开关器件内产生电脉冲信号。而且,转子每旋转一周时,霍尔开关器件内就会产生4个电脉冲信号。发动机转速变化时,脉冲信号的频率随之变化:发动机转速升高时,脉冲信号频率提高;发动机转速下降时,脉冲信号频率降低;发动机停转时,脉冲信号频率为零。因此,通过对脉冲信号的频率特征提取,可以获取发动机转速的信息。选用频率电压转换模块,将脉冲信号转换成电压模拟量输出,实现对发动机转速信号的采集。该方法与在发动机曲轴头处布置霍尔传感器采集发动机转速信号的方法相比,不需要额外添置传感器。选用的频率电压转换模块体积小,便于进行 BIT 设计,安装方便、可靠,具有较大的优势。

车速里程表也是由指示器、磁电式传感器和连接导线组成的。传感器安装在变速箱体上,其内部结构与转速传感器大体相同。不同的是,在圆盘上均匀地安装有三对永磁磁钢。车速测量的原理与发动机转速测量大致相同,采用同样的方法来采集车速信息。根据车速(转速)与传感器输出频率的关系,选择不同规格的频率电压转换模块。

8.2.3 驾驶动作采样频率

传感器采集的各路信号都是随时间连续变化的模拟信号,因此,相应的数字测量系统必须通过采样和量化来完成将模拟信号转换成离散数字信号的工作。为确保采样后离散信号能恢复原来的连续信号,信号不发生失真,数据采集必须遵循采样定理。

采样定理:设信号的采样周期为 T_s,采样频率为 $f=1/T_s$,则采样频率必须大于或等于信号最高频率的两倍。因此,需要首先找到采集信号的最高频率。

油门与离合的配合是对驾驶员基础驾驶技能评价的一个重要方面。在加速换挡过程中,加油冲车后,要求在松油门的同时踩下离合器,松油门与踩离合动作之间的时间差,反映了油门与离合的配合熟练与合理程度。以熟练驾驶员驾驶数据统计为依据,此时间差非常小,趋于数十毫秒级。挑选 10 名一级驾驶员分别进行加速换挡过程,以 500Hz 的采样频率采集该过程离合器踏板与油门踏板的信号。经过数据处理,松油门与踩离合动作之间的最小时间差为 $\Delta t = 0.052s$,信号频率 $f_s = \dfrac{1}{\Delta t} \approx 19.23(Hz)$。根据采样定理,要想得到该信号的真实信息,信号采样频率 $f \geq 2f_s \approx 38.5(Hz)$。初步设计,一般采样频率取被采样信号最高频率的 5~10 倍,取整计算,驾驶动作(机械式)设置信号采样频率为 100Hz,采样周期 $T=0.01s$。

8.3 驾驶动作信息采集装置设计

8.3.1 驾驶动作信息采集装置功能

某坦克驾驶教练车信息采集模块主要功能是记录驾驶动作过程曲线和操作信息；记录发动机工况信息并利用虚拟仪表显示。要求采用动作曲线的形式，显示油门、离合、制动、挡位传感器和操纵杆的操作动作信息，同时采用虚拟水注的形式来指示油门、制动的完成程度；采用虚拟状态灯的形式来指示操纵杆、离合器的位置状态；采用数字显示的形式来指示挡位传感器的当前挡位状态，并记录驾驶员操作信息，如图8-3所示。

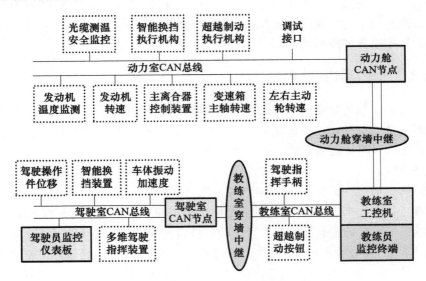

图8-3 数字化信息采集装置网络拓扑

采集与发动机工况信息相关传感器的数据。采用虚拟仪表的形式，显示传感器的数据，用于观察发动机状态。虚拟仪表包括车速、发动机转速、机油压力、油温、水温和助力油压。对其中的温度、压力和发动机转速的数据进行监测，当监测数据不在正常范围时，进行报警提示，并记录发动机工况信息。

针对无任何驾驶训练信息采集装置的基础性难题，通过规划教练车通信体制、对退役坦克底盘各部件加装数字式传感器、研发数字化训练信息采集系统，实现6路驾驶动作(挡位、油门、离合、制动、左右转向)、8路车辆工况(机油压力、机油温度、冷却液温度、液压系统助力压力、发动机转速、左右主动轮转速、车体振动加速度)、3路教练指控动作(驾驶指挥、超越停车、安全监控)、1路GPS轨迹共计18路驾驶训练信息的同步采集,按20Hz/s采样频率计算,每台车载数字化训练采集系统可累计存储140天(700h)训练数据。实现了坦克驾驶训练过程的数字化记录和全维再现。

针对计算机无法理解人类对驾驶技能的经验和自然语言描述、不能开展信息化处理的技术性难题,参照《装甲兵专业技术教范》训练要求,基于坦克驾驶动作的层次化命名体系和字母编码表示方法,形成了各类驾驶动作的标准词典,实现了坦克驾驶动作从经验描述向结构化数据描述方式的转变。通过各操作件动作位移的阈值计算、编码匹配,实现了各层次驾驶行为的模式识别、数据分割、动作准确性判定和训练过程的精准指导。通过引入基于动作编码的文本分词技术,实现了词典外非标准驾驶动作模式的"主动发现"和词典库的动态更新。

针对运用海量数据开展坦克驾驶训练质量智能评价的关键性难题,基于数据管理、智能考评、训练数据挖掘等功能的大数据离线考核评估系统,实现了对分布式群组训练数据的统一管理。在驾驶行为模式识别和训练数据分割的基础上,构建了基于驾驶动作顺序编码准确性、动作时间熟练度、行驶速度快速性、行驶轨迹小偏差的驾驶技能评价指标,实现了海量训练数据中高水平驾驶技能的快速筛选。基于筛选出的高水平技能数据记录,通过数据挖掘模型(神经网络、SVM模型等)训练,建立了常见驾驶行为(换挡、转向)最佳动作时机与车辆工况、行驶轨迹间的分类映射关系,实现了对当前驾驶动作决策的合理性评估,并能够对符合动作决策条件的下一步动作开展智能提示,实现了坦克驾驶训练过程中的智能指导和自动考评。

8.3.2 驾驶动作信息采集装置硬件组成

驾驶动作信息采集装置由硬件部分和软件部分组成。硬件部分主要包括采集终端、传感器组件和信号分配器。硬件组成及安装部位如表8-2所列。

表8-2 信息采集系统硬件组成及安装部位

序号	名称	数量	功能	安装部位
1	采集终端	1	信息采集、处理、显示、交互和输出等	车内教练室右前方
2	信号分配器	1	信号隔离、等比例分配	车内教练室左侧三角板处

续表

序号	名称		数量	功能	安装部位
3	传感器组件	挡位传感器组件（拉杆位移传感器）	1	挡位操作信息	挡位闭锁器下方
		左操纵杆传感器组件（拉杆位移传感器）	1	左操纵杆位移操作信息	左操纵杆纵拉杆下方
		右操纵杆传感器组件（角度位移传感器）	1	右操纵杆位移操作信息	右操纵杆转动轴右侧
		油门传感器组件（角度位移传感器）	1	油门踏板角度位移操作信息	油门踏板横轴处
		离合传感器组件（角度位移传感器）	1	离合踏板角度位移操作信息	离合踏板横轴处
		制动传感器组件（角度位移传感器）	1	制动踏板角度位移操作信息	制动踏板横轴处
		发动机转速传感器组件（转速传感器）	1	发动机转速	传动箱上盖板
		车速传感器（转速传感器）	2	车速信息	左侧减速器箱体上侧
					右侧减速器箱体上侧
4	线缆（含插头）		6	信息传递	车体内部

（1）采集终端。采集终端由显示屏组件、按键组件、信号采集主控板、电源板、箱体和航插组件等构成。采集终端采用双核工作频率800MHz的CPU；使用512MB高速内存，提高嵌入式操作系统的稳定性和运算速度；存储器采用32GB军用电子盘，增强系统的抗冲击、抗振动能力；液晶屏选用6.5英寸[①]640×480分辨率的宽温液晶，工作温度可满足宽温使用要求；触摸屏采用电阻式4线屏，同时以胶封工艺封装钢化防爆玻璃，可提高屏幕抗冲击、振动能力；在外部接插件上选用标准军用航空接插件，具有防盐雾、防淋雨、防霉菌等防护性能；整机使用4个M8螺栓通过装甲车用橡胶减震器固定在安装座上，保证安装的可靠、稳定。

（2）传感器组件。传感器组件主要分为拉杆位移传感器、角度位移传感器和转速传感器三类。拉杆位移传感器具有精度好、带侧向受力缓冲的万向头连接、防护等级高、分辨率高、能在极端恶劣环境下工作等优点；传感器输出端配备航空插座便于拆装；传感器上配置安装支架和防护罩，防止人员攀登、踩踏，造成意外损坏。角度位移传感器具有精度好、多保护、转轴同心度高、抗电磁干扰、耐

---

① 1英寸=2.54cm。

振抗冲,能在恶劣环境工作等优点;传感器输出端配备航空插座便于拆装;传感器上配置柔性联轴器改善检测位置转轴故障所引起的偏角和偏心;传感器上配置安装支架和防护罩,防止人员攀登、踩踏,造成意外损坏。转速传感器具有精度好、检测距离大、无检测方向限制、抗干扰能力强等优点;传感器上配置带灯指示装置,具有检测最佳安装测试的位置功能;传感器体积小并配有输出插座,便于拆装。

（3）信号分配器。采集终端直接采集原车仪表显示器取出的信号,可能造成原车仪表显示失真。为保证原车仪表和采集终端都能正常工作,防止相互干扰,相互影响,采用电压信号处理技术,等比例处理原车仪表显示器的输出电压信号,再调制成脉冲信号,经过变压器隔离后,解调为电压信号,然后再给采集终端,从而使得原车仪表显示器信号,不会受到任何影响。信号分配器由信号分配电路板、箱体和航插组件等构成。

8.3.3 驾驶动作信息采集装置关键技术

1. 信号采集处理技术

为实现对多路不同传感器信号进行采集处理,信号采集主控板采用 TI 公司超低功耗 Cortex – A8 800MHz 双核处理器,具备 DSP 浮点处理能力,内置 24 路 12 位高精度模拟量采集通道、4 路高精度频率采集通道。由于采集位置和方式不同,采集发动机工况信息和驾驶员操作过程的传感器输出值,为模拟电压或脉冲信号。当传感器输出为模拟电压时,信号通过 12 位高精度芯片 ADS7953 取样、量化和编码后,经低功耗高速芯片 ISO7640 数字隔离和微控制器 IPC2138 整合、运算后经过 SPI 总线传输到处理器进行处理。当传感器输出为脉冲时,信号通过稳压芯片 BAV99 稳压后,经微功耗比较器 TLV1702 采样比较和电压转换处理 SN74LVCH16 芯片整合后经过 IIC 总线传输到处理器进行处理。将信号处理和数据采集独立,符合高内聚、低耦合的设计原理,能保障系统的健壮性,使得两者不会相互影响。信号采集主控制板工作原理框图如图 8 - 4 所示。

2. 实时虚拟仪表显示技术

虚拟仪表是基于计算机构成的,它的硬件部分往往具有很大程度上的通用性,软件是系统的核心,这样使它的实现不是强调其物理形式,它的优点有性价比高、开放性好、智能化高、界面友好、误差小等。

虚拟仪表的显示需要外部数据驱动,为使虚拟仪表能够实时显示外部数据,一般应确保下一组数据包到来之前,提取出前一组数据包,并处理完毕。由于主界面上的虚拟仪表较多,图像显示会消耗大量的 CPU 资源,影响系统的实时性,所以要对虚拟仪表显示做大量的优化处理,需要采用图像分层显示、选择性更新等新技术。

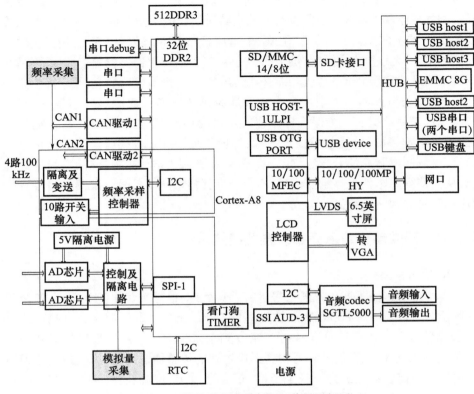

图8-4 信号采集主控制板工作原理框图

（1）图像分层显示技术：将虚拟仪表中仪表背景和指针分层显示，如图8-5所示，由于仪表背景是静态的，指针是动态的，所以在图像显示时，只需更新指针部分。这样能在很大程度上减少CUP资源的使用。

（2）选择性更新技术：有些外部驱动虚拟仪表的数据并不是在快速变化的，如油温数据，发动机的油温是缓慢变化的，而数据采集的频率较高（20Hz），由于虚拟仪表的显示是外部数据驱动，如果数据采集的频率是20Hz，

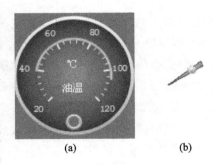

图8-5 图像分层显示

则虚拟仪表更新频率也是20Hz，事实上，如果发动机的油温未发生变化或变化很小，则虚拟仪表是不需要更新显示的。经过图像显示优化技术，可以有效地提高虚拟仪表显示的实时性。

8.3.4 驾驶状态信息记录仪软件设计

某坦克驾驶教练车信息采集软件安装在坦克驾驶教练车信息采集模块上,软件主要功能如图8-6所示,包括:

(1)接收信号分配器所传递来的原车辆各仪表传感器信息,包括冷却液温度、发动机机油温度、发动机机油压力和助力系统油压信号。

(2)接收操纵件的位移传感器信息,包括变速杆(一倒挡、二三挡和四五挡)、油门踏板、制动踏板、离合器踏板和左右操纵杆位移量信息。

(3)采用虚拟仪表、动作曲线、虚拟水柱和虚拟挡位指示器等形式显示车辆工况和操纵动作等信息。

(4)提供学员登录/退出和车辆注册功能,可手工录入或者批量导入学员编号信息。

(5)手动校准并保存操纵件的位置边界值(首次装车或重新安装传感器时须校准)。

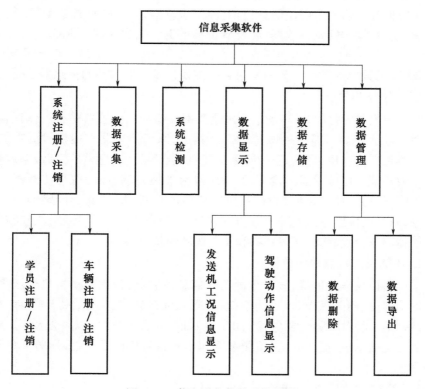

图8-6 信息采集软件功能框图

8.3.5　驾驶动作信息记录软件功能

1. 系统登录单元

完成学员登录/退出和车辆注册功能,其目的是能够有效识别学员训练时系统记录的数据,以便于后期对数据的分析。学员登录时需提供学员编号(编号唯一,4位数字),学员编号可以通过手动输入或由外部文件导入学员信息列表中。登录成功后应显示已登录的学员编号。学员编号在学员信息列表中显示。教练员可以对学员信息列表中的学员编号进行编辑,如添加、删除、修改、清空等。学员登录后教练员可以对已登录的学员编号进行退出操作,退出成功后应显示系统处于学员未登录状态。

2. 数据采集单元

数据采集单元主要完成采集车辆工况信息和驾驶员操作信息等各类传感器数据,供其他单元模块使用。车辆工况信息包括:左、右被动轮转速数据;发动机转速数据;发动机机油压力数据;发动机机油温度数据;冷却液温度数据;助力系统油压数据等。驾驶员操作信息包括:油门位移数据;变速杆位移数据;制动位移数据;左、右操作杆位移数据;离合器位移数据。数据采集单元通过内部串口2向信号采集主控板发送数据采集命令:0xAA 0xAA 0x14 0x55。信号采集主控板以20Hz的频率通过串口2向采集终端主控板发送采集到的传感器数据。

3. 系统检测单元

系统检测单元每隔3s自动检测采集终端及新加装传感器是否工作正常,并在界面上显示各LRU单元的故障状态。其中,原车传感器不提供检测功能,原车传感器包括发动机机油温度传感器、发动机机油油压传感器、冷却液温度传感器和助力系统油压传感器。检测的LRU包括采集终端、油门位移传感器、制动位移传感器、离合器位移传感器、变速杆位移传感器(即一倒挡传感器、二三挡传感器、四五挡传感器)、左操纵杆位移传感器、右操纵杆位移传感器、左被动轮转速传感器、右被动轮转速传感器和发动机转速传感器等。

4. 车辆工况信息显示单元

采用虚拟仪表的形式,显示车辆工况信息的数据,包括发动机机油压力、发动机机油温度、冷却液温度、助力系统油压、发动机转速、车速,用于观察车辆状态。特别地,对其中的水温、油温、油压(机油)、油压(助力)以及发动机转速5个车辆工况信息进行监测。当监测数据超出正常范围时,通过显眼方式提供告警提示。

5. 驾驶动作信息显示单元

采用驾驶动作曲线以及操作状态显示的形式,显示驾驶动作,用于观察驾驶动作情况。驾驶动作曲线显示挡位(一倒挡、二三挡和四五挡)、操作杆(左、右)、离合器、油门、刹车等驾驶动作情况。教练员可以暂停曲线,也可按30s的数据量向前或向后移动曲线数据,以便教练员可以查看学员在训练过程中任意时间段的驾驶动作信息。操作状态显示采用虚拟水柱和虚拟挡位指示器的形式,指示驾驶动作的完成情况。

6. 驾驶操纵位置校准单元

由于不同车辆的左右操纵杆、油门踏板、刹车踏板和离合器踏板的开度值差别加大,以及受传感器安装精度的影响,需在传感器安装完成后进行位置校准,记录布设的位移传感器实际运动范围的边界值。

7. 数据存储单元

存储所有采集到的传感器原始数据,启动训练时开始数据记录,结束训练时停止记录数据,数据文件的名称以车辆信息+学员编号+时间+后缀标识。存储容量应能满足累计700h要求。

8. 数据管理单元

当学员从开始训练到结束训练时,会生成一个学员训练数据文件。教练员可以对学员的训练数据文件进行管理,操作包含:数据文件筛选,按日期(年月日)和学员编号方式提供筛选功能;数据删除,删除学员训练数据文件;数据导出,将学员训练数据文件导出到U盘中,用于后期数据分析;数据选择,系统提供"全选/取消全选"按钮,用于快速选中所有数据文件或不选中任何数据文件;单击训练数据文件进行"选中/未选中"状态切换。

8.3.6 驾驶动作数据记录格式

驾驶动作数据以矩阵的格式进行存储。数据记录矩阵中,列表示各采集要素在某一时间的值,行表示采样时刻,行与行间表示的是采样时间间隔,也表示了采样频率。驾驶动作数据记录格式如图8-7所示。

记录仪采集以矩阵形式存储的数据按行展开后,就可生成各操纵件的时域曲线。将各操纵件、车辆状态等信息的时域曲线放在一页上下排列,即生成了如交响乐总谱的驾驶状态总信息。纵向看,是同一时间下,各操纵件及状态某一瞬间信息;横向看,是各操纵件及状态随时间变化的情况,即时域曲线。

图8-8是记录的包含油门踏板、主离合器踏板、变速杆、制动器等操纵件的状态变化和发动机转速、车速状态变化的驾驶状态信息曲线。纵向看,是同一时间下,各操纵件及状态某一瞬间信息;横向看,是各操纵件及状态随时间变化的情况,即时域曲线。横坐标时间表示采样时长,纵坐标位移或状态变化表示各操纵件或状态随时间的变化情况。

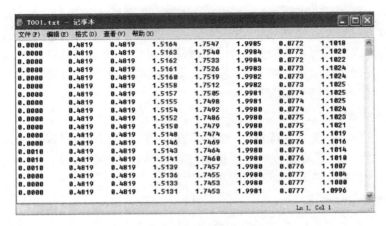

图 8-7 记录仪记录数据

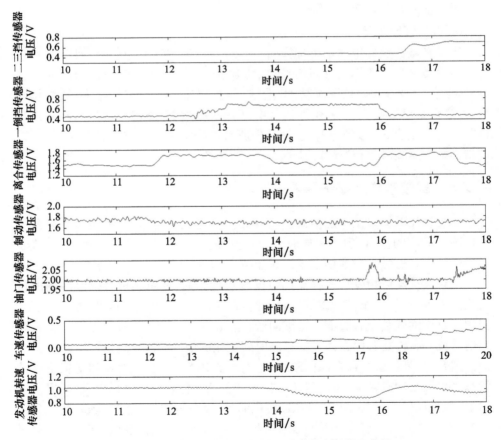

图 8-8 启车和一挡换二挡过程驾驶状态的信息曲线

从曲线中可以清楚地识别出驾驶员在该段时间内成功地完成了启车和一挡换二挡的操作过程。图 8-8 中 15~18s 为一挡换二挡的过程,驾驶员依次完成了踩油门踏板、松油门踏板、踩离合器踏板、摘一挡、挂二挡、松离合器踏板和踩油门踏板动作。整个过程用时约 2s,动作时序正确、要素完整、衔接紧凑、动作一步到位,可以初步判断此次换挡操作质量较好。

8.4 小结

本章首先层次化解析了驾驶动作的基本含义,建立了各操作件所采集的传感器状态信息和教范所规定的驾驶协同动作、基础训练之间的直观映射关系。其次重点论述了驾驶动作信息采集系统的组成和功能,介绍了驾驶动作信息采集软件的功能框架和数据记录格式,为后续驾驶动作模式识别和教练车智能化运用提供了底层数据输入。

第 9 章　驾驶动作模式识别

对于教练员来说，可以比较容易根据一段驾驶状态信息曲线判断该曲线包含的驾驶动作过程，并能够对驾驶员的驾驶质量给出一个大致的评价。但是，当面对大量的驾驶状态信息时，仅靠主观的识别和评判是远远不够的。此时，需要借助模式识别技术来识别和评价驾驶动作技能。本章将描述综合运用矩阵理论，把原始位移矩阵转换为动作状态矩阵，以动作状态矩阵为基础，结合驾驶过程的关键性参数，实现对驾驶过程的识别；结合驾驶过程的基准矩阵，实现对驾驶过程错误动作的识别。

9.1　驾驶动作信息矩阵

驾驶过程中各操作动作和车辆状态的变化主要体现在输入的模拟量和数字量的变化上，因此可以根据采集数据的变化来识别该操作动作。

驾驶信息采集系统记录的数据，设计为按照矩阵方式进行存储。

本书将定时采集存储的数据矩阵定义为原始矩阵 O，该矩阵是一个 $n \times 8$ 的矩阵。

$$O = \begin{bmatrix} a_1 & b_1 & c_1 & d_1 & e_1 & f_1 & g_1 & h_1 \\ a_2 & b_2 & c_2 & d_2 & e_2 & f_2 & g_2 & h_2 \\ a_3 & b_3 & c_3 & d_3 & e_3 & f_3 & g_3 & h_3 \\ \vdots & \vdots & \vdots & \vdots & \vdots & \vdots & \vdots & \vdots \\ a_n & b_n & c_n & d_n & e_n & f_n & g_n & h_n \end{bmatrix} \quad (9-1)$$

原始矩阵 O 中的 8 列分别表示四五挡（a 列）、二三挡（b 列）、一倒挡（c 列）、主离合器踏板（d 列）、制动器踏杆（e 列）、油门踏板（f 列）、车速（g 列）和发动机转速（h 列）8 个采集量的状态随时间连续变化的情况，每一行表示在同一时刻不同的操纵件和车速、发动机转速的状态信息。

9.1.1 动作状态矩阵

下面通过矩阵运算将原始的位移矩阵变换为动作状态矩阵。

在原始矩阵 O 中,从第 2 行开始,每一行的所有元素都减去它的前一行的所有元素,所得的结果作为新矩阵的行,这样就得到一个新的差值矩阵,将其定义为中间矩阵 C,这是一个 $(n-1)\times 8$ 的矩阵,其中矩阵 C 中的行

$$C_m = O_{m+1} - O_m (m = 1,2,3,\cdots,n-1) \tag{9-2}$$

坦克装甲车辆行驶过程中,振动颠簸难免使各操纵杆件发生轻微扰动,产生干扰数据。为避免扰动造成的动作误判,根据经验为每一个操作件和车辆状态量设定一个判定变化的阈值,得到一个阈值组 $n = (n_1 n_2 n_3 n_4 n_5 n_6 n_7 n_8)$。将中间矩阵 C 每一行的元素与阈值组 n 的元素一一对应比较:矩阵元素的绝对值大于其设定阈值的判定为操纵件和车辆状态发生变化;矩阵元素的绝对值小于其设定阈值的判定为操纵件和车辆状态没有发生变化。在此基础上,再构建一个与中间矩阵 C 维数相同的矩阵 P,令

$$P_{ij} = \begin{cases} 1, & C_{ij} > n_j \\ 0, & |C_{ij}| \leq n_j (i = 1,2,3,\cdots,n-1; j = 1,2,3,\cdots,8) \\ -1, & -C_{ij} > n_j \end{cases} \tag{9-3}$$

这样,矩阵 P 中就只包含 $-1,0,1$。

本书将原始矩阵经过上述变换后得到的只包含 $-1,0,1$ 三种元素的矩阵 P,定义为动作状态矩阵。

定义:仅包含 $-1,0,1$ 三种元素的矩阵 P,为动作状态矩阵。

9.1.2 动作状态矩阵特点

动作状态矩阵具有以下特点:

(1)动作状态矩阵中的"1"或者"-1"表示操纵件正向(反向)移动,或车速、发动机转速增大(减小);"0"表示操纵件或车速、发动机转速没有变化。

(2)任何操纵件的运动都是由静止—运动—静止三种连续状态组成的,所以该操纵件的动作状态矩阵总是表现为"00…11…00…-1-1…00"的连续稳定变化过程。

(3)可以通过动作状态矩阵中"1"或"-1"的行数计算该操纵件开始运动的时刻、运动持续时间等操作信息,利用"1"或"-1"两端的"0"状态所对应操纵件位置,实现该操纵件运动状态转换过程识别。

(4)动作状态矩阵中的一行代表了同一时刻不同操纵件的当前状态,这些

状态按照时序排列起来,可以表示某一驾驶过程中各操纵件的动作时机、前后时序关系和持续时间等情况。

9.1.3 动作状态矩阵数值

定义:包含车速和发动机转速值的动作状态矩阵 Q,为数值动作状态矩阵。将原始矩阵 O 中的车速和发动机转速数据列,按车速、发动机转速的模拟电压值与车速、转速的对应关系求出相应的车速和发动机转速值,并替换矩阵 P 中的车速和转速数据列。这样动作状态矩阵 P 就转换成了包含车速和转速信息的动作状态矩阵 Q,本书称为数值动作状态矩阵,数值动作状态矩阵用于判断车速与发动机转速的配合情况。表 9-1 所示为驾驶训练中一挡换二挡的部分动作状态矩阵。

表 9-1 驾驶训练动作状态矩阵(部分)

时序	操纵件和车辆行驶状态信息							
	四五挡	二三挡	一倒挡	主离合器	制动	油门	转速表/(r/min)	车速表/(km/h)
0	0	0	0	0	0	0	650	2.52
1	0	0	0	0	0	0	745	2.85
2	0	0	0	0	0	1	855	3.1
3	0	0	0	0	0	1	965	3.5
4	0	0	0	0	0	-1	1050	3.82
5	0	0	0	1	0	0	1000	3.92
6	0	0	0	1	0	0	925	3.9
7	0	0	0	0	0	0	920	3.9
8	0	0	1	0	0	0	915	3.85
9	0	0	0	0	0	0	905	3.85
10	0	-1	0	0	0	0	850	3.75
11	0	0	0	0	0	0	845	3.7
12	0	0	0	-1	0	0	830	3.9
13	0	0	0	0	0	0	820	3.9
14	0	0	0	0	0	1	915	4.5
15	0	0	0	0	0	1	955	4.8
16	0	0	0	0	0	0	970	5.2
17	0	0	0	0	0	0	972	5.8
18	0	0	0	0	0	0	971	6.44

9.2 关键驾驶动作识别

9.2.1 驾驶动作关键参数

每一个驾驶过程都存在能够与其他驾驶过程区别的并且是该驾驶过程必不可少的操纵件状态或车辆状态,本书定义这样的操纵件状态或车辆状态为该驾驶过程的关键性参数。

根据启动动作要领的要求,发出警报信号和按下启动按钮都是能够区分启动与其他动作的重要因素,但是发出警报信号并不是必不可少的,驾驶员不按警报按钮不会影响车辆的正常启动,是属于驾驶动作不规范,而不按启动按钮,车辆是无法启动的,因此其关键性参数是启动按钮的状态。

启车动作产生的关键性变化是车速由零上升,其关键性参数是车速;换挡动作要领的关键性因素是推拉变速杆,其关键性参数是挡位的状态;转向动作要领的关键性因素是推拉操纵杆,其关键性参数是操纵杆的状态;倒车动作要领的关键性因素是挂倒挡,因而其关键性参数是挡位状态;熄火的关键性参数是转速的状态;停车的关键性参数是转速和车速的状态。表 9-2 列举出了判断基础驾驶过程的关键性参数。

表 9-2 基础驾驶各科目关键性参数

基础驾驶	启动	启车	换挡	转向	倒车	熄火	停车
关键参数	启动按钮状态	车速	挡位状态	操纵杆状态	挡位状态	转速	车速转速

9.2.2 基础驾驶动作识别

对基础驾驶过程的识别,不仅要判断出所完成的基础驾驶过程,还应识别、提取出基础驾驶过程所对应的整个动作状态矩阵,为后续驾驶质量的评价提供依据。因此,一个基础驾驶过程的完整识别,需要完成以下两方面的工作:

(1)识别出基础驾驶过程的关键性参数的状态变化。

(2)提取出基础驾驶过程所对应的完整的动作状态矩阵。通过各基础驾驶过程的关键性参数,建立起各基础驾驶过程与其关键性参数的联系。在动作状态矩阵中,通过查找关键性参数状态的变化,就可以识别出对应的基础驾驶过程。通过表 9-1 中动作状态矩阵的挡位变化可以识别出该驾驶动作是一个一挡换二挡的动作过程。对整个驾驶过程动作状态矩阵的识别和提取,可以通过以关键性参数状态发生变化的时刻向前、向后查找起始动作和结束动作分别对应的操纵件状态变化来完成。

9.2.3 动作状态矩阵识别

以换挡过程为例,基础驾驶过程动作状态矩阵识别、提取的步骤如下:

第一步,从动作状态矩阵中各挡纵拉杆所对应的数据列(第 j 列)查找各"0"与"1"或"0"与"-1"的转换时刻,获取该时刻矩阵的行数 $i_1, i_2, i_3, \cdots$。

第二步,从原始位移矩阵中查找对应 (i, j) 位置的位移数值,与事先标定的各挡位位移数据进行对比,识别出变速杆运动前后的两个挡位状态。记为类似 $i_1 = 1$ 挡、$i_2 = 2$ 挡的识别结果。

第三步,换挡总是伴随着主离合器的运动,变速杆运动过程中,主离合器踏板将一直处于踏到底的"0"(静止)状态。因此,为了找到踏主离合器踏板的初始状态点,可以以换挡起始时的"0"到"1"转换状态 (i_1, j) 为起点,向前搜索主离合器的"0""1"转换点。搜索到的第 1 个转换点为主离合器踏到底的时刻,然后继续向前搜索,找到整个主离合器踏下过程所对应的连续的"1"。当向前搜索到"1"第二次转换为"0"时,即为主离合器踏下的起始时刻,记为换挡开始时刻 t_k。

第四步,换挡结束后,驾驶员要松开主离合器,因此也要找到变速杆由"1"变为"0"时刻后,主离合器由踏到底的"0"到代表松开过程的"-1"再到松到底的"0"时刻,记松到底的"0"时刻为换挡结束时刻 t_j。

t_k 与 t_j 两时刻之间的动作状态矩阵即为换挡过程完整的动作状态矩阵。

换挡过程中,如果需要油门和制动的配合,也可以按照上述方法寻找其"0"到"1"转换点,并把不同的动作转换点排成一定的时序,从而完成整个驾驶过程的识别。

对于其他的基础驾驶科目,可以按照上述类似的方法进行识别。

这样,找到了驾驶过程的完整动作状态矩阵以后,就可以对该驾驶过程中是否有错误动作进行识别和判断。

9.3 错误驾驶动作识别

一个正确的基础驾驶过程要求:过程包含的动作要素齐全;各动作要素的时

序正确;动作准确到位。

在实际的驾驶训练过程中,并不是所有的驾驶员都能完整、准确地完成所有动作,特别是新学员在进行训练时,出现错误动作的情况更多。通过对基础驾驶过程中可能存在的动作时序不正确、动作要素不全和动作不到位等错误动作的识别,及时指出学员在初学阶段存在的问题,从而有针对性地提高驾驶训练质量。通过实际采集驾驶过程的动作状态矩阵与其对应的基准矩阵比较的方法,实现对错误动作的识别。

9.3.1 动作基准矩阵

动作状态矩阵不仅直观地反映了操纵件状态和车辆状态的变化,还包含了操作动作之间一种固定的时序关系。利用这一点,可以根据驾驶教范对某一操作过程要领的规定,把该操作过程以动作状态矩阵的形式表示出来。

定义:基于动作状态矩阵,剔除操纵件从一个状态变换到另一个状态之间状态保持稳定的行的矩阵,为基准矩阵。基准矩阵仅反映操纵件动作之间的固定时序关系。

以一挡换二挡过程为例,按照装甲车辆驾驶教范的规定,低挡换高挡的动作要领为:①加油冲车;②踏下主离合器踏板,同时松开加油踏板;③将变速杆摘到空挡并挂上高一级排挡;④迅速平稳地松回主离合器踏板,同时加油。反映一挡换二挡过程动作要领的动作状态矩阵如表9-3所列。该动作状态矩阵只包含了操纵件状态转换点的信息,剔除了操纵件从一个状态变换到另一个状态之间状态保持稳定的行,因此,它只是反映了一挡换二挡过程中所包含的操纵件动作之间一种固定的时序关系。

表9-3 一挡换二挡过程动作基准矩阵

动作内容	四五挡	二三挡	一倒挡	主离合器踏板	制动器踏板	油门踏板
初始状态	0	0	0	0	0	0
踏下油门踏板	0	0	0	0	0	1
踩离合器同时松油	0	0	0	1	0	-1
摘一挡到空挡	0	0	1	0	0	0
挂二挡	0	-1	0	0	0	0
松离合器	0	0	0	-1	0	0
松离合器同时加油	0	0	0	-1	0	1
结束状态	0	0	0	0	0	0

本书把上述矩阵定义为驾驶过程的基准矩阵。

9.3.2 动作基准矩阵库

结合坦克驾驶教范,可以建立坦克装甲车辆驾驶所有不同操作过程的基准矩阵,进而建立起驾驶基准矩阵库,作为识别装甲车辆驾驶过程中错误动作的标准。按照基准矩阵的建立方法,下文以二挡换三挡、三挡换二挡、二挡换一挡为例,示例建立基准矩阵,如表9-4~表9-6所列。

表9-4 二挡换三挡过程动作基准矩阵

动作内容	四五挡	二三挡	一倒挡	主离合器踏板	制动器踏板	油门踏板
初始状态	0	0	0	0	0	0
踏下油门踏板	0	0	0	0	0	1
踩离合器同时松油门	0	0	0	1	0	-1
二挡换三挡	0	1	0	0	0	0
松离合器	0	0	0	-1	0	0
松离合器同时加油	0	0	0	-1	0	1
结束状态	0	0	0	0	0	0

高挡换低挡的动作要领:①减油;②踏下主离合器踏板;③将变速杆放到空挡,挂上低一级排挡;④平稳地松回主离合器,同时加油。

表9-5 三挡换二挡过程动作基准矩阵

动作内容	四五挡	二三挡	一倒挡	主离合器踏板	制动器踏板	油门踏板
初始状态	0	0	0	0	0	0
松油门踏板	0	0	0	0	0	-1
踩制动器	0	0	0	0	1	0
松制动器	0	0	0	0	-1	0
踩离合器	0	0	0	1	0	0
三挡换二挡	0	-1	0	0	0	0
松离合器	0	0	0	-1	0	0
松离合器同时加油	0	0	0	-1	0	1
结束状态	0	0	0	0	0	0

表9-6 二挡换一挡过程动作基准矩阵

动作内容	四五挡	二三挡	一倒挡	主离合器踏板	制动器踏板	油门踏板
初始状态	0	0	0	0	0	0
松油门踏板	0	0	0	0	0	-1

续表

动作内容	四五挡	二三挡	一倒挡	主离合器踏板	制动器踏板	油门踏板
踩制动器	0	0	0	0	1	0
松制动器	0	0	0	0	-1	0
踩离合器	0	0	0	1	0	0
摘二挡	0	1	0	0	0	0
挂一挡	0	0	-1	0	0	0
松离合器	0	0	0	-1	0	0
松离合器同时加油	0	0	0	-1	0	1
结束状态	0	0	0	0	0	0

结合坦克驾驶教范，可以得到装甲车辆驾驶所有不同操作过程的基准矩阵，进而建立起驾驶基准矩阵库，作为识别装甲车辆驾驶过程中错误动作的标准。

9.3.3 换挡错误动作识别

将识别出的某一操作过程完整的动作状态矩阵和该操作过程的基准矩阵比较，可以对其动作要素是否完整和各动作要素之间的时序关系是否正确进行判断。

由于不同驾驶员操作熟练程度不同，在换挡过程中某一操纵件状态的持续时间往往不同，即不同驾驶员操作所得到的动作状态矩阵的长度并不一样，但是这种长度上的区别只表现为同一状态的重复出现，而不会出现违背规定时序的其他状态组合，这种操纵状态时序变化的稳定性是识别驾驶员错误动作的基本依据。

基于上述思想，具体错误动作识别流程如下：

对实际操作动作位移矩阵进行预处理得到其动作状态矩阵，将其定义为矩阵 A，将基准矩阵定义为矩阵 B。矩阵 A 与矩阵 B 逐行比较。

(1) A_{1j} 与 B_{1j} 逐项比较，如果两者相同，则认为 A_{1j} 代表的动作状态是正确的，执行步骤(2)；如果两者的元素有不同，则执行步骤(3)。

(2) A_{2j} 与 B_{1j} 逐项比较，这里是考虑实际操作动作数据存在连续稳定的变化，A_{2j} 可能与 A_{1j} 相同。如果 A_{2j} 与 B_{1j} 相同，则用 A_{3j} 与 B_{1j} 比较，直到出现 A_{nj} 与 B_{1j} 不同为止，此时再用该 A_{nj} 与 B_{2j} 比较，执行类似步骤(1)的过程；如果 A_{2j} 与 B_{1j} 不相同，则执行类似步骤(3)的过程。

(3) 判断 A_{1j} 是否全部为"0"，新驾驶员往往由于动作不熟练等原因，在两个连续动作间会出现一定程度的迟疑，此时，该操纵件对应状态也表现为"0"的状态，但此时并不是该操作动作结束的状态，如果全部为"0"，则认为是上一动作的平衡状态，执行步骤(2)；如果不相同，则判断为与矩阵 B_{1j} 中不同的项代表操纵件的动作出现错误,给出相应的错误提示,执行步骤(4)。

(4)在接下来的比较中将不再比较每列错误项所在行的项,这里是考虑驾驶员可能会发现自己动作错误而改正,该操纵件的状态将发生变化,如果继续比较将影响判断,直到出现 A_{mj} 与 B_{1j} 不同为止,此时用 A_{mj} 整列与 B_{2j} 整列比较,执行类似步骤(1)的过程。

按照上述步骤执行错误动作识别过程,其流程如图9-1所示。

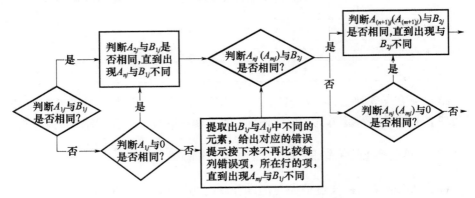

图9-1 换挡过程中错误动作识别流程

9.3.4 错误动作识别示例

按照上述方法,编程实现了一挡换二挡过程中错误动作的识别。将采集的某学员进行一挡换二挡的动作数据导入程序,得到操作动作的动作状态矩阵(转置),如图9-2所示。

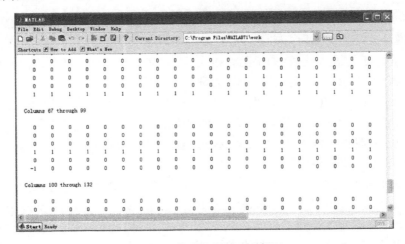

图9-2 动作状态矩阵(转置)

第9章 驾驶动作模式识别

为便于清楚说明识别过程,将得到的动作状态矩阵简化为表9-7所示矩阵,省略处表示是上一状态的重复。将它与一挡换二挡基准矩阵进行比较。第一行与基准矩阵第一行比较,两者相同,接着用第二行与基准矩阵的第一行比较,当出现不同的行[000001]时,该行再与基准矩阵的第二行比较,重复该过程。

表9-7 一挡换二挡动作状态矩阵(简化)

四五挡	二三挡	一倒挡	主离合器踏板	制动器踏板	油门踏板
0	0	0	0	0	0
...	...	...	...	...	...
0	0	0	0	0	1
...	...	...	...	...	...
0	0	0	1	0	1
...	...	...	...	...	...
0	0	0	1	0	-1
...	...	...	...	...	...
0	0	0	1	0	0
...	...	...	...	...	...
0	0	0	0	0	0
...	...	...	...	...	...
0	0	1	0	0	...
...	...	...	...	...	...
0	-1	...	0	0	...
...	...	...	...	...	...
0	...	...	-1	0	0
...	...	...	...	...	...
0	0	0	-1	0	1
...	...	...	...	...	...
0	0	0	0	0	1
...	...	...	...	...	...
0	0	0	0	0	0

当比较到行[000101]时,它与基准动作状态矩阵的[000001]行不同,也与基准矩阵的下一行[00010 -1]不同,说明该行存在错误,判断是动作状态矩阵中行[000101]与[000001]不同的项,即第四项"1"错误,该项对应主离合器,得出结论是"踩油门过程中离合动作错误"。

这样就不再比较以后每行的第四项,直到其他项出现不同为止,比较到行[0 0 0 1 0 -1]时,该行第四项与基准矩阵比较出现不同,则该整行再与基准矩阵的下一行比较,此时两者相同,按照前面的规则继续比较,直到结束。

上述过程通过 Matlab 实现,识别结果如图 9-3 所示。从图中可以看出:该驾驶员在换挡时,踩油门踏板加油时踩离合器。根据低挡换高挡的动作要领和装甲车辆驾驶理论,这种操作是不允许的。曲线所显示的结果与判断结果一致,说明了该识别结果的正确性。

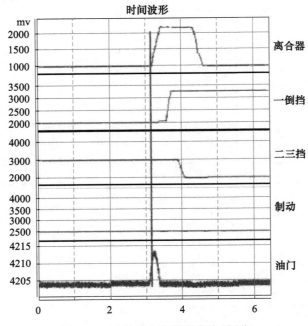

图 9-3 操纵件位移数据曲线(部分)

综上所述,运用矩阵理论,通过对采集的数据进行矩阵运算,定义了动作状态矩阵。通过对基础驾驶过程动作的分析,定义了基础驾驶过程的关键性参数,并建立了各基础驾驶过程与其关键性参数的联系。通过在动作状态矩阵中查找关键性参数的变化和提取基础驾驶过程所对应的完整动作状态矩阵,实现了对基础驾驶过程的识别。

以装甲车辆驾驶教范为依据,结合动作状态矩阵的特点,定义了基础驾驶的基准矩阵。通过比较某一操作过程完整的动作状态矩阵和该操作过程的基准矩阵的差异,实现了对动作要素不完整和各动作要素之间时序关系不正确等错误动作的识别。以此可以建立所有基础驾驶过程的基准矩阵库,为错误动作的识别提供标准。

9.4 驾驶协同动作模糊识别

驾驶动作过程的模糊模式识别,可认为是根据驾驶员所完成的动作判断驾驶员的操作意图或操作目的的过程。操作过程中驾驶员的动作可能是不规范或不正确的,这给判断操作过程的识别带来困难。通过采用有序的模糊集来表示操作模式类,一个操作过程可以表示为由若干个动作元素按顺序排列而成的无限长的符号序列,结合驾驶动作的分解,模式识别的问题就成为对这个序列中的元素在各模式类中对序列进行正确分割的问题。

驾驶过程的模糊模式识别的基本思路是:首先,将待识对象作为模糊集合及其元素;其次,将普通意义上的特征值变为模糊特征值,建立模糊集合的隶属度函数,或者建立元素之间的模糊相似关系,并确定这种关系的相关程度;最后,运用模糊数学原理和方法进行操作动作的模式识别。

9.4.1 模糊识别流程

驾驶动作模糊识别流程如图 9-4 所示。

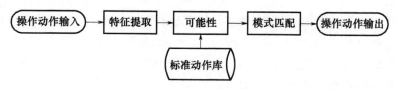

图 9-4 驾驶动作模糊识别流程

特征提取是指从一组特征中挑选出对分类最有利的特征,以达到降低特征空间维数的目的。驾驶动作中,每一个基本动作都是按照驾驶教范要求,并以一定的目的实现的,因此每一操作动作模式都具有该类独有的特征。

对每一个组合动作,可构造一个时间自动识别机 A。由基本动作 σ_i 组成一个有限字符集和 Σ,并引入两个时钟,分别记录每个基本动作进行的时间 τ_i 和相邻两个基本动作时间间隔 η_i,这样,驾驶过程可用一个时间字 $(\sigma, \tau, \eta_i) = (\sigma_1, \sigma_2, \cdots, \tau_1, \tau_2, \cdots, \eta_1, \eta_2, \cdots)$ 来描述,时钟约束 $\Phi(C)$ 和接收位置集合 F 根据该组合动作的结构特征、时间特征及专家经验给出,时间自动识别机 A 在 0 时刻的所有转移都位于起始位置,而且所有的时钟值均被初始化为 0。

若在某位置 s_i 输入字符 σ_i,并且时钟值 τ_i 和 η_i 满足从该位置出发到某位置 s_j 的转移时钟约束 δ,则自动识别机状态从位置 s_i 转移到 s_j,λ 中的时钟变量均重置为0,并从转移发生时开始重新记录时间。若$s_j \in F$,则称该时间字被时间自动识别机A接受,这类时间字的集合成为时间自动识别机A所识别的时间语言,即所接收的时间字为该位置集合F所表示的组合动作。

9.4.2 驾驶协同动作分解

对驾驶员操作训练过程中的操作质量进行恰当评判,重要前提是对训练中的操作过程进行正确的识别。在各种实际驾驶动作过程中,每个操作动作都是为了达到某个确切的目的而进行的,其具体的操作过程也有简单和复杂之分。对于复杂的操作过程,实际上可将操作者对操作对象的操作过程分解为一系列简单动作在一定次序进行下的组合。因此,在整个操作过程中,驾驶员的一系列动作可以表示为一个由各基本动作在时间轴上顺序排列构成的动作序列。

若操作过程中有n种复杂操作模式,并且该n种复杂操作模式可以分解为m个基本的操作动作,则由这m个基本动作可构成基本动作集合U。因而操作过程中任何一个复杂操作都可用U中部分或全部元素按一定次序排列构成的长度有限的动作序列$X_i, i=1,2,\cdots,n$表示。

若设操作过程中基本动作集合为$U = \{a_{ik} | i=1,2,\cdots,m, k=1,2,\cdots,n_i\}$。

由基本动作可组合成n个标准操作。其中,第i个操作由U中的n_i个基本动作组成,可表示为动作序列$\omega_i = a_{i1}a_{i2}\cdots a_{in_i}$。

若操作者在进行ω_i操作时的实际操作过程为$X_i = x_{i1}x_{i2}\cdots x_{il}$。

当出现操作错误时,X_i中各动作的名称、次序、数量和动作间的时间间隔均可发生不同程度的改变。在一定范围内,这些具有不同错误形式的操作与ω_i一起构成第i个操作模式类,记为Ω_i。

ω_i由U中的n_i个基本动作组成,为标准模式;而其他操作为Ω_i中的非标准模式类。

在实际驾驶动作中,操作动作可分为启车、换挡、停车等多种操作模式类,这些不同的动作种类决定于驾驶员对操作部件的改变,即离合器、油门踏板、制动器踏板、起动开关等,基本动作即对上述部件的单项操作。将上述动作进行分解,得到基本动作元素示例(表9-8)、基本操作动作组合代号示例(表9-9)。

表9-8 基本动作元素示例

基本动作元素	代号	对应范围	基本动作元素	代号	对应范围
接通电源总开关	$S(a_1)$	0、1	左操纵杆第一位置	$LC1(a_{17})$	53~57
挂空挡	$D0(a_2)$	0、1	左操纵杆第二位置	$LC2(a_{18})$	98~100
挂一挡	$D1(a_3)$	0、1	右操纵杆最前端	$RC0(a_{19})$	0~2

续表

基本动作元素	代号	对应范围	基本动作元素	代号	对应范围
挂二挡	D2(a_4)	0、1	右操纵杆分离位置	RCF(a_{20})	2~53,57~98
挂三挡	D3(a_5)	0、1	右操纵杆第一位置	RC1(a_{21})	53~57
挂四挡	D4(a_6)	0、1	右操纵杆第二位置	RC2(a_{22})	100
挂五挡	D5(a_7)	0、1	按电启动按钮	DQ(a_{23})	0、1
挂倒挡	DR(a_8)	0、1	开空气启动开关	KQ(a_{24})	0~360°
踩油门(加油)	CY(a_9)	0~100	关空气启动开关	GKQ(a_{25})	0~360°
松油门(减油)	SY(a_{10})	0~100	按警报器	A(a_{26})	0、1
踩离合器	CL(a_{11})	0~100	按电动机油泵按钮	J(a_{27})	0、1
松离合器	SL(a_{12})	0~100	打开高压空气瓶	GY(a_{28})	0、1
踩制动器	CZ(a_{13})	0~100	关闭高压空气瓶	GGY(a_{29})	0、1
松制动器	SZ(a_{14})	0~100	同时拉左、右操纵杆	LRC2(a_{30})	100、100
左操纵杆最前端	LC0(a_{15})	0~2	同时松左、右操纵杆	LRC0(a_{31})	0、0
左操纵杆分离位置	LCF(a_{16})	2~53,57~98			

表9-9 基本操作组合代号示例

基本驾驶过程	代号	基本驾驶过程	代号
电启动发动机	DQD(X_1)	三挡换二挡(一脚离合)	STE1(X_{17})
空气启动发动机	KQD(X_2)	四挡换三挡(一脚离合)	STS1(X_{18})
联合启动发动机	LQD(X_3)	五挡换四挡(一脚离合)	WTS1(X_{19})
主离合器一挡启车	LQC1(X_4)	二挡换一挡(两脚离合)	STE1(X_{20})
主离合器二挡启车	LQC2(X_5)	三挡换二挡(两脚离合)	STE2(X_{21})
行星转向器启车	ZQC(X_6)	四挡换三挡(两脚离合)	STS2(X_{22})
制动器停车	ZTC(X_7)	五挡换四挡(两脚离合)	WTS2(X_{23})
操纵杆停车	CTC(X_8)	一挡换二挡(短促加油)	YHE1(X_{24})
紧急停车	JTC(X_9)	一挡换二挡(推三换二)	YHE2(X_{25})
二挡换三挡(一脚离合)	EHS1(X_{10})	分离左转向	FLZ(X_{26})
三挡换四挡(一脚离合)	SHS1(X_{11})	分离右转向	FRZ(X_{27})
四挡换五挡(一脚离合)	SHW1(X_{12})	第一位置左转向	LZ1(X_{28})
二挡换三挡(两脚离合)	EHS2(X_{13})	第一位置右转向	RZ1(X_{29})
三挡换四挡(两脚离合)	SHS2(X_{14})	制动左转向	LZ2(X_{30})
四挡换五挡(两脚离合)	SHW2(X_{15})	制动右转向	RZ2(X_{31})
二挡换一挡(一脚离合)	STE1(X_{16})		

9.4.3 典型动作模式分解

表 9-10~表 9-15 分别为典型操作动作标准模式分解示例。

表 9-10 电启动动作分解

标准动作顺序	动作分解	标准要求满足条件
接通电源总开关	S	Switch[6]==1
踩离合器	CL	踩到底(ClutchKd=100)
踩油门	CY	踩到1/3(PedelKd≈33)
挂空挡	D0	
按警报器	A	
按电启动按钮	DQ	$3s < t(DQ=1) < 5s$,两次间隔<15s
松离合器	SL	完全松开(ClutchKd=0)
松油门	SY	稳定转速(500<Rev<600)

表 9-11 主离合器启车动作分解

标准动作顺序	动作分解	标准要求满足条件
按警报器	A	
踏离合器	CL	踩到底(ClutchKd=100)
挂一挡(或二挡)	D1(D2)	
松离合器	SL	完全松开(ClutchKd=0);迅速、平稳,评判标准:不熄火,离合器滑磨时间<5s,前2/3快松(LoosenTime1<2s),后1/3慢松(依转速定,保证不熄火)
踩油门	CY	保证 Rev>500

表 9-12 操纵杆启车动作分解

标准动作顺序	动作分解	标准要求满足条件
按警报器	A	
踏离合器	CL	踩到底(ClutchKd=100)
挂一挡(二挡)	D1	
左操纵杆第二位置	LC2	100
右操纵杆第二位置	RC2	

续表

标准动作顺序	动作分解	标准要求满足条件
松离合器	SL	完全松开（ClutchKd=0）；迅速、平稳，标准：前2/3快松 $t(100~33)<2s$，后1/3慢松，不熄火，离合器滑磨时间 $t(33~0)<5s$
踩油门	CY	保证 Rev>500
左、右操纵杆最前端	LC0‖RC0	至最前端

表9-13 分离左转向动作分解

标准动作顺序	动作分解	标准要求满足条件
左操纵杆分离位置	LCF	2~53
踩油门	CY	保证 Rev>500
左操纵杆最前端	LC0	时间视转向半径

表9-14 第一位置左转向动作分解（右转向同理）

标准动作顺序	动作分解	标准要求满足条件
左操纵杆第一位置	LC1	53~57
踩油门	CY	保证 Rev>500
左操纵杆最前端	LC0	转向半径 11~12m

表9-15 制动左转向动作分解

标准动作顺序	动作分解	标准要求满足条件
松油门	SY	600<Rev<1000
左操纵杆第二位置	LC2	98~100
踩油门	CY	保证 Rev>500
左操纵杆最前端	LC0	

9.4.4 驾驶动作时间统计

集值统计是经典统计和模糊统计的一种推广，经典统计在每次实验中得到相空间的一个确定点，而集值统计每次实验中得到一个模糊子集，在驾驶技能评判中即相当于专家对驾驶动作技能大小判断的一个区间估计值。

集值统计可以处理不确切的判断，而且方便地集中了多种不同意见，减少了专家判断中的随机误差。因此，用集值统计对坦克装甲车辆驾驶技能进行评判能够减少评判中的人为误差，得到一个较为确切的驾驶动作技能评判值。

首先,考虑不同坦克或者其他因素,同一等级驾驶员对同一操作所得,将会是一个区间值,记为$[u_1^{(k)},u_2^{(k)}]$,k表示第k个驾驶员。当n个同一等级驾驶员对同一指标进行多次统计便可得到n个判断区间,从而形成一个集值统计序列:

$$[u_1^{(1)},u_2^{(1)}],[u_1^{(2)},u_2^{(2)}],\cdots,[u_1^{(n)},u_2^{(n)}] \quad (9-4)$$

这n个子集叠加在一起,则形成覆盖在评判值轴上的一种分布。这种分布表示为

$$\overline{X}(u) = \frac{1}{n}\sum_{k=1}^{n} X_{[u_1^{(k)},u_2^{(k)}]}(u) \quad (9-5)$$

式中:$X_{[u_1^{(k)},u_2^{(k)}]}(u) = \begin{cases} 1, u_1^{(k)} \le u \le u_2^{(k)} \\ 0, 其他 \end{cases}$。

$\overline{X}(u)$成为样本落影函数,那么某一指标的标准值可由下式获得

$$\overline{u} = \int_{u_{\min}}^{u_{\max}} u \cdot \overline{X}(u) \mathrm{d}u \Big/ \int_{u_{\min}}^{u_{\max}} \overline{X}(u) \mathrm{d}u \quad (9-6)$$

式中:$u_{\max}$和$u_{\min}$分别为u可能取得的最大值、最小值。显然有

$$\int_{u_{\min}}^{u_{\max}} \overline{X}(u) \mathrm{d}u = \frac{1}{n}\sum_{k=1}^{n}[u_2^{(k)} - u_1^{(k)}] \quad (9-7)$$

$$\int_{u_{\min}}^{u_{\max}} u \cdot \overline{X}(u) \mathrm{d}u = \frac{1}{2n}\sum_{k=1}^{n}[(u_2^{(k)})^2 - (u_1^{(k)})^2] \quad (9-8)$$

由此,可以得

$$\overline{u} = \frac{1}{2}\sum_{k=1}^{n}[(u_2^{(k)})^2 - (u_1^{(k)})^2] \Big/ \sum_{k=1}^{n}[u_2^{(k)} - u_1^{(k)}] \quad (9-9)$$

这种处理方法不仅可以处理不确切的判断,而且很方便地集中了同等级多名驾驶员的数据,减少了标准制定中的随机误差。

当n个间隔区间的分布比较集中时,说明某一指标对驾驶员操作要求相对较高,可操作范围较窄,$\overline{X}(u)$的形状比较"尖瘦";相反,若间隔区间不集中,说明可操作的范围较宽,$\overline{X}(u)$的形状比较"扁平"。

在驾驶过程中,每个操作模式类中相邻的基本动作元素有一个标准操作完成的时间间隔η_{ik}和最大的时间间隔$\eta_{ik\max}$。这些时间量也反映出驾驶员动作的熟练程度,根据已有的驾驶动作数据对这些时间量运用上述方法进行统计,拟合为正态分布曲线,正常操作完成的时间值定义为采集多名等级驾驶员平均得来的拟合正态曲线μ值。

以二挡换三挡为例,通过拟合正态曲线可以清楚地看到(图9-5),主离合器松后1/3的时间$\eta_{ik}=1.249$,$\eta_{ik\max}=2$。

令U_i为ω_i中动作名的集合,定义一个模糊子集W_j,表示操作模式类Ω_i对U_i中的动作a所应满足的时间间隔属性的模糊约束,其隶属函数为μ_{W_j},采用降

半 Γ 型分布定义满足约束的程度,如图 9-6 所示,图中 η_{ik} 为正常时间间隔值,$\eta_{ik_{\max}}$ 为最大延迟时间。

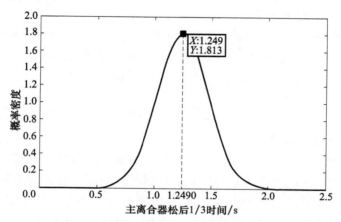

图 9-5　主离合器松后 1/3 时间概率分布曲线

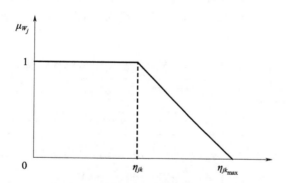

图 9-6　时间间隔隶属函数 μ_{W_j} 分布形式

当 $x = a$ 时,令时间间隔 $\eta_a = t(a_{ik}) - t(a_{ik-1})$,则有

$$\mu_{W_j} = \begin{cases} 1, & \eta_a \leqslant \eta_{ik} \text{ 或者 } a \text{ 为 } \omega_i \text{ 的第一个元素} \\ 1 - \dfrac{\eta_a - \eta_{ik}}{\eta_{ik_{\max}} - \eta_{ik}}, & \eta_{ik} \leqslant \eta_a \leqslant \eta_{ik_{\max}} \\ 0, & \eta_a \geqslant \eta_{ik_{\max}} \end{cases} \quad (9-10)$$

9.4.5　驾驶动作序列分割

对动作序列 X 中的各动作在不同 $\Omega_i (i = 1, 2, \cdots, n)$ 的约束条件下进行相应动作组合,并且在适当的位置上进行截断,以形成与各种模式类 Ω_i 相对应的动

作子序列的过程称为动作序列分割。结合驾驶动作分解流程,寻找出每一序列中独有的特征,通过对比,可以清晰地发现以下几个规律:

1. 具有固定的次序性

有些操作模式类都是由基本动作元素按照一定的次序组合完成的。在标准操作模式类 Ω_i 中,动作元素 a_{ik} 应在 $a_{i1} \sim a_{ik-1}$ 顺序完成之后且在 $a_{ik+1} \sim a_{in_i}$ 顺序之前完成,满足一定的次序属性,其次序隶属度计算方法为

$$\mu_{V_i}(a) = \frac{n_{前} + n_{后}}{n_i - 1} \qquad (9-11)$$

2. 具有一定时间性

在各类基本动作组合中基本动作元素之间有规定的时间间隔最大值,在各动作操作模式类中的每个基本动作元素之间的时间间隔有标准值和最大值,超过最大值视为不满足时间约束,在这里只需要考虑标准操作模式类中操作动作元素与其后动作元素之间的最大时间间隔 $\eta_{ik_{\max}}$,并计算其隶属度 μ_{W_i},如果大于间隔最大值 $\eta_{ik_{\max}}$,则判定为动作组合结束。各模式类中动作元素间标准时间间隔 η_{ik} 统计如表 9-16 所列,动作元素间最大时间间隔 $\eta_{ik_{\max}}$ 统计如表 9-17 所列。

表 9-16 各模式类中动作元素间标准时间间隔 η_{ik} 统计

操作模式类	动作序列(时间间隔为标准值,单位为s),0 表示无限制,设置为30s
电启动	S $\xrightarrow{0}$ CL $\xrightarrow{0.85}$ CY $\xrightarrow{0.75}$ DO $\xrightarrow{1.02}$ A $\xrightarrow{2.0}$ DQ $\xrightarrow{5.3}$ SL $\xrightarrow{4.0}$ SY
空气启动	S $\xrightarrow{0}$ GKQ $\xrightarrow{0}$ CL $\xrightarrow{0.85}$ CY $\xrightarrow{0.75}$ DO $\xrightarrow{1.02}$ A $\xrightarrow{2.0}$ GY $\xrightarrow{1.45}$ KQ $\xrightarrow{6.0}$ GKQ $\xrightarrow{7.5}$ LC $\xrightarrow{5.0}$ LY $\xrightarrow{4.2}$ GGY
联合启动	S $\xrightarrow{0}$ GKQ $\xrightarrow{0}$ CL $\xrightarrow{0.85}$ CY $\xrightarrow{0.75}$ DO $\xrightarrow{1.02}$ A $\xrightarrow{2.0}$ GY $\xrightarrow{1.2}$ DQ $\xrightarrow{0.95}$ KQ $\xrightarrow{1.5}$ GKQ $\xrightarrow{7.5}$ LC $\xrightarrow{5.0}$ LY $\xrightarrow{4.2}$ GGY
离合器一挡启车	A $\xrightarrow{1.6}$ CL $\xrightarrow{0.95}$ D1 $\xrightarrow{2.28}$ SL
离合器二挡启车	A $\xrightarrow{1.6}$ CL $\xrightarrow{0.95}$ D2 $\xrightarrow{2.95}$ SL
行星转向器启车	A $\xrightarrow{1.6}$ CL $\xrightarrow{0.95}$ D1 $\xrightarrow{0.8}$ LRC2 $\xrightarrow{2.8}$ SL $\xrightarrow{0.52}$ CY $\xrightarrow{3.5}$ LRC0
制动器停车	SY $\xrightarrow{0.75}$ CL $\xrightarrow{0.83}$ CZ $\xrightarrow{5.8}$ DO $\xrightarrow{2.5}$ SL $\xrightarrow{2.5}$ SZ
操纵杆停车	SY $\xrightarrow{1.2}$ LRC2 $\xrightarrow{0.8}$ CL $\xrightarrow{3.6}$ LRC0 $\xrightarrow{2.4}$ DO $\xrightarrow{2.6}$ SL

续表

操作模式类	动作序列(时间间隔为标准值,单位为s),0 表示无限制,设置为30s
紧急停车	$SY \xrightarrow{0.62} CZ \xrightarrow{0.42} LRC2 \xrightarrow{0.58} CL \xrightarrow{0.72} SZ \xrightarrow{5.5} LRC0 \xrightarrow{2.4} D0 \xrightarrow{2.6} SL$
二挡换三挡(一脚离合)(三挡换四挡、四挡换五挡同理)	$CY \xrightarrow{0} CL \xrightarrow{0.52} SY \xrightarrow{0.66} D0 \xrightarrow{0.92} D3 \xrightarrow{1.62} SL \xrightarrow{0.74} CY$
二挡换三挡(两脚离合)(三挡换四挡、四挡换五挡同理)	$CY \xrightarrow{0} CL \xrightarrow{0.52} SY \xrightarrow{0.66} D0 \xrightarrow{0.8} SL \xrightarrow{1.02} CL \xrightarrow{0.92} D3 \xrightarrow{1.62} SL \xrightarrow{0.74} CY$
三挡换二挡(一脚离合)(四挡换三挡、五挡换四挡同理)	$SY \xrightarrow{0} CL \xrightarrow{0.52} D0 \xrightarrow{0.72} D2 \xrightarrow{1.54} SL$
三挡换二挡(两脚离合)(四挡换三挡、五挡换四挡同理)	$SY \xrightarrow{0} CL \xrightarrow{0.52} D0 \xrightarrow{0.44} SL \xrightarrow{0.36} CY \xrightarrow{0.33} SY \xrightarrow{0.63} SL \xrightarrow{0.72} D2 \xrightarrow{1.54} CL$
一挡换二挡(推三换二法)	$CY \xrightarrow{0} CL \xrightarrow{0.46} SY \xrightarrow{0.62} D0 \xrightarrow{0.8} D3 \xrightarrow{0.44} D0 \xrightarrow{1.02} D2 \xrightarrow{1.18} SL \xrightarrow{0.65} CY$
一挡换二挡(短促加油法)	$CY \xrightarrow{0.42} SY \xrightarrow{0.5} CL \xrightarrow{0.66} D0 \xrightarrow{1.12} D2 \xrightarrow{1.88} SL \xrightarrow{0.85} CY$
分离转向	$LCF(RCF) \xrightarrow{0.5} CY \xrightarrow{0} LC0(RC0)$
第一位置转向	$LC1(RC1) \xrightarrow{0.5} CY \xrightarrow{0} LC0(RC0)$
制动转向	$SY \xrightarrow{0} LC2(RC2) \xrightarrow{0.57} CY \xrightarrow{0} LC0(RC0)$

表9-17 各模式类中动作元素间最大时间间隔$\eta_{jk_{max}}$统计

操作模式类	动作序列(时间间隔为最大值,单位为s),0 表示无限制,设置为30s
电启动	$S \xrightarrow{0} CL \xrightarrow{3} CY \xrightarrow{3} D0 \xrightarrow{3} A \xrightarrow{5} DQ \xrightarrow{10} SL \xrightarrow{10} SY$
空气启动	$S \xrightarrow{0} GKQ \xrightarrow{0} CL \xrightarrow{3} CY \xrightarrow{3} D0 \xrightarrow{3} A \xrightarrow{5} GY \xrightarrow{2} KQ \xrightarrow{3} GKQ \xrightarrow{10} LC \xrightarrow{10} LY \xrightarrow{10} GGY$
联合启动	$S \xrightarrow{0} GKQ \xrightarrow{0} CL \xrightarrow{3} CY \xrightarrow{3} D0 \xrightarrow{3} A \xrightarrow{5} GY \xrightarrow{2} DQ \xrightarrow{2} KQ \xrightarrow{3} GKQ \xrightarrow{10} LC \xrightarrow{10} LY \xrightarrow{10} GGY$
离合器一挡启车	$A \xrightarrow{3} CL \xrightarrow{2} D1 \xrightarrow{5} SL$
离合器二挡启车	$A \xrightarrow{3} CL \xrightarrow{2} D2 \xrightarrow{5} SL$
行星转向器启车	$A \xrightarrow{3} CL \xrightarrow{2} D1 \xrightarrow{2} LRC2 \xrightarrow{5} SL \xrightarrow{3} CY \xrightarrow{10} LRC0$
制动器停车	$SY \xrightarrow{2} CL \xrightarrow{2} CZ \xrightarrow{10} D0 \xrightarrow{5} SL \xrightarrow{5} SZ$

续表

操作模式类	动作序列(时间间隔为最大值,单位为s),0 表示无限制,设置为30s
操纵杆停车	SY $\xrightarrow{2}$ LRC2 $\xrightarrow{2}$ CL $\xrightarrow{10}$ LRC0 $\xrightarrow{5}$ D0 $\xrightarrow{5}$ SL
紧急停车	SY $\xrightarrow{2}$ CZ $\xrightarrow{2}$ LRC2 $\xrightarrow{3}$ CL $\xrightarrow{10}$ SZ $\xrightarrow{5}$ LRC0 $\xrightarrow{5}$ D0 $\xrightarrow{5}$ SL
二挡换三挡(一脚离合)(三挡换四挡、四挡换五挡同理)	CY $\xrightarrow{0}$ CL $\xrightarrow{1}$ SY $\xrightarrow{2}$ D0 $\xrightarrow{2}$ D3 $\xrightarrow{2}$ SL $\xrightarrow{2}$ CY
二挡换三挡(两脚离合)(三挡换四挡、四挡换五挡同理)	CY $\xrightarrow{0}$ CL $\xrightarrow{2}$ SY $\xrightarrow{2}$ D0 $\xrightarrow{2}$ SL $\xrightarrow{2}$ CL $\xrightarrow{2}$ D3 $\xrightarrow{2}$ SL $\xrightarrow{2}$ CY
三挡换二挡(一脚离合)(四挡换三挡、五挡换四挡同理)	SY $\xrightarrow{0}$ CL $\xrightarrow{2}$ D0 $\xrightarrow{2}$ D2 $\xrightarrow{2}$ SL
三挡换二挡(两脚离合)(四挡换三挡、五挡换四挡同理)	SY $\xrightarrow{0}$ CL $\xrightarrow{2}$ D0 $\xrightarrow{2}$ SL $\xrightarrow{1}$ CY $\xrightarrow{1}$ SY $\xrightarrow{1}$ SL $\xrightarrow{2}$ D2 $\xrightarrow{2}$ CL
一挡换二挡(推三换二法)	CY $\xrightarrow{0}$ CL $\xrightarrow{2}$ SY $\xrightarrow{2}$ D0 $\xrightarrow{2}$ D3 $\xrightarrow{1}$ D0 $\xrightarrow{2}$ D2 $\xrightarrow{2}$ SL $\xrightarrow{2}$ CY
一挡换二挡(短促加油法)	CY $\xrightarrow{1}$ SY $\xrightarrow{1}$ CL $\xrightarrow{2}$ D0 $\xrightarrow{2}$ D2 $\xrightarrow{2}$ SL $\xrightarrow{2}$ CY
分离转向	LCF(RCF) $\xrightarrow{2}$ CY $\xrightarrow{0}$ LC0(RC0)
第一位置转向	LC1(RC1) $\xrightarrow{2}$ CY $\xrightarrow{0}$ LC0(RC0)
制动转向	SY $\xrightarrow{0}$ LC2(RC2) $\xrightarrow{2}$ CY $\rightarrow$ LC0(RC0)

3. 各动作元素间具有互斥性

某一基本动作仅仅是一确定动作模式内的元素,如在启动发动机动作组合中,动作元素 DQ 只有电启动与联合启动所特有,记这些动作元素在各模式类 Ω_i 中权值为 w_{ik},且

$$\sum_{i=1}^{n_k} w_{ik} = 1$$

每个动作元素 a_{ik} 在模式类 Ω_i 中的隶属度计算方法如下:

(1)统计各基本动作元素 a_{ik} 在模式类中的个数 l_{ik}。

(2)每个模式类中各动作元素权重系数为 $\sum_{k=1}^{n}\left(\dfrac{1}{l_{ik}}\right)$ 进行归一化处理得出结果,参见表9-18。

表 9-18 各模式类中动作元素权重值 w_{ik}

操作模式类	动作序列(括号内表示权重 w_{ik})
电启动	S(0.254)→CL(0.025)→CY(0.042)→D0(0.042)→A(0.144)→DQ(0.424)→SL(0.025)→SY(0.042)
空气启动	S(0.122)→GKQ(0.092)→CL(0.011)→CY(0.018)→D0(0.018)→A(0.063)→GY(0.185)→KQ(0.185)→GKQ(0.092)→SL(0.011)→SY(0.018)→GGY(0.185)
联合启动	S(0.103)→GKQ(0.078)→CL(0.009)→CY(0.016)→D0(0.016)→A(0.053)→GY(0.156)→DQ(0.156)→KQ(0.156)→GKQ(0.078)→SL(0.009)→SY(0.016)→GGY(0.156)
离合器一挡启车	A(0.354)→CL(0.063)→D1(0.521)→SL(0.063)
离合器二挡启车	A(0.395)→CL(0.070)→D1(0.465)→SL(0.070)
行星转向器启车	A(0.011)→CL(0.020)→D1(0.163)→LRC2(0.327)→SL(0.020)→CY(0.163)→LRC0(0.327)
制动器停车	SY(0.043)→CL(0.026)→CZ(0.431)→D0(0.043)→SL(0.026)→SZ(0.431)
操纵杆停车	SY(0.043)→LRC2(0.431)→CL(0.026)→LRC0(0.431)→D0(0.043)→SL(0.026)
紧急停车	SY(0.023)→CZ(0.231)→LRC2(0.231)→CL(0.014)→SZ(0.231)→LRC0(0.231)→D0(0.023)→SL(0.014)
二挡换三挡(一脚离合)(三挡换四挡、四挡换五挡同理)	CY(0.098)→CL(0.059)→SY(0.098)→D0(0.098)→D3(0.490)→SL(0.059)→CY(0.098)
二挡换三挡(两脚离合)(三挡换四挡、四挡换五挡同理)	CY(0.088)→CL(0.053)→SY(0.088)→D0(0.088)→SL(0.053)→CL(0.053)→D3(0.439)→SL(0.053)→CY(0.088)
三挡换二挡(一脚离合)(二挡换一挡、四挡换三挡、五挡换四挡同理)	SY(0.139)→CL(0.083)→D0(0.139)→D2(0.556)→SL(0.083)
三挡换二挡(两脚离合)(二挡换一挡、四挡换三挡、五挡换四挡同理)	SY(0.096)→CL(0.058)→D0(0.096)→SL(0.058)→CY(0.096)→SY(0.096)→CL(0.058)→D2(0.385)→SL(0.058)
一挡换二挡(推三换二法)	CY(0.066)→CL(0.039)→SY(0.066)→D0(0.066)→D3(0.329)→D0(0.066)→D2(0.263)→SL(0.039)→CY(0.066)
一挡换二挡(短促加油法)	CY(0.109)→SY(0.109)→CL(0.065)→D0(0.109)→D2(0.435)→SL(0.065)→CY(0.109)
分离转向	LCF(RCF)(0.488)→CY(0.024)→LC0(RC0)(0.488)
第一位置转向	LC1(RC1)(0.488)→CY(0.024)→LC0(RC0)(0.488)
制动转向	SY(0.024)→LC2(RC2)(0.476)→CY(0.024)→LC0(RC0)(0.476)

4. 有规定的起始动作和终止动作

规定的起始动作元素和终止动作元素分别称为起始点和终止点,通过上述表格,可以清楚地看到起始点和终止点分别有以下几个动作元素:

(1)起始点:S、CY、SY、LCF(RCF)、LC1(RC1)、A。

(2)终止点:CY、SY、SL、SZ、LC0(RC0)。

只要知道任意一个操作动作元素 a_{ik} 对某个操作模式类 Ω_i 的隶属度 $\mu_{P_i}(a)$,就可以计算动作元素 a 属于某一操作模式类的隶属度。

其中

$$\mu_{P_i}(a) = \mu_{W_i}(a) \wedge \mu_{V_i}(a) \qquad (9-12)$$

9.4.6 驾驶动作分割算法

待识别动作组合结束识别的条件有以下两条:一是全部完成标准操作模式类动作元素;二是最后加入的动作元素与前一动作元素之间时间间隔大于要求的最大时间间隔,且最后加入的动作元素作为下一待识序列的起始动作元素。

计算完每个动作元素隶属于某一模式类的隶属度后,利用下面公式计算带识别序列隶属于标准动作组合序列的隶属度:

$$\sigma(X_i) = \sum_{k=1}^{n_i} w_{ik} \mu_{P_i}(x_{ik}) \qquad (9-13)$$

即待识子序列隶属于某个操作模式类的隶属度 $\sigma(X_i)$ 表示为各动作元素 a_{ik} 的隶属度 $\mu_{P_i}(a)$ 的加权和。

为此,定义前驱、直接前驱;后继、直接后继。

在标准操作模式类 ω_i 中排列在动作 a 之前的动作称为前驱,最近的前驱为直接前驱。

在标准操作模式类 ω_i 中排列在动作 a 之后的动作称为后继,距离最近后继的为直接后继。

对任意无限长待识子序列 X 的分割算法如下:

(1)对 X 中当前取值 $x = a, a = 1 \sim 31$,如果当前未建立待识序列 X_i,则建立 X_i 并将动作 a 加入 X_i;如果当前已建立待识序列 X_i,则向 X_i 中加入动作 a。

(2)加入动作 b,比较时间间隔 η_{ik} 与最大时间间隔 $\eta_{ik\max}$,如果大于或等于最大时间间隔,则完成动作序列分割;如果小于最大时间间隔 $\eta_{ik\max}$,则加入序列 X_i。

(3)加入动作 c,仍然比较时间间隔(同(2))。若之前动作 b 时间间隔已大于或等于其最大时间间隔,此时动作 c 的时间间隔若大于或等于其时间间隔,则认为动作 b 为孤立动作,予以排除;若小于,则加入序列,等待加入下一动作。

(4)重复上述步骤,待识别动作组合结束识别的条件达成,完成动作序列的分割。若完成,则完成分割,计算待识别序列隶属于某个操作模式类的隶属度 $\sigma(X_i)$;相反,等待加入新的动作,重复步骤(3)。

(5)重复步骤(4),直到所有的动作都分割完毕,根据操作模式类 Ω_i 的隶属度 $\sigma(X_i)$ 计算公式计算其隶属度。根据最大隶属度原则,隶属度最大的就是识别的操作模式类。这时,比较分割序列与对应的标准操作模式类,求出缺少、顺序颠倒动作元素、大于标准时间间隔等,得到识别结果,为评判打下基础。

9.5 驾驶动作模糊识别示例

9.5.1 驾驶动作组合识别器设计

基于 Matlab 平台,设计组合动作识别器。按照分割算法进行无限长待识别序列的分割与计算,可以直接得出驾驶动作组合识别结果。程序运行的具体流程如图 9-7 所示:组合动作识别器采用并行结构,如果要扩展可识别组合动作的数量,只要相应增加时间自动识别机即可,因此具有良好的扩展性。

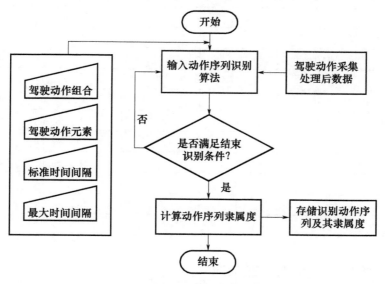

图 9-7 驾驶动作组合识别器识别流程

9.5.2 驾驶动作数据处理

在驾驶员动作中,每一操纵件的基本动作,都表现为该操纵件所对应的位移曲线的上升或者下降,这样,可通过操纵件位移数据的增加或者减少来识别该操纵件的动作。将操纵件位移数据记录看作一个位移矩阵 D,同时构建另一操作动作状态矩阵 P,按下述方法,实现位移矩阵 D 向状态矩阵 P 的转换:

(1)构建操作动作状态矩阵 P,其行数和列数与位移矩阵 D 的行列数相同。

(2)把操作动作状态矩阵 P 的第一行全部置为 0。

(3)设定一组判定各操纵件是否移动的阈值。装甲车辆行驶条件较为恶劣,颠簸状态下,这些操纵件会有轻微移动,因此要求所设定的阈值必须大于这种干扰造成的轻微移动,并还能够识别出驾驶员有意识的操作动作。例如,示例设定为 1mm。

(4)用位移矩阵 D 中的第二行减第一行,得到每列的差值与设定的阈值作比较。如果大于此阈值或者小于此阈值的相反数,则说明该操纵件正在正向(反向)移动,动作状态矩阵中相应位置记为"1"(或者"-1");如果小于此阈值,则说明该操纵件没有移动,状态矩阵中对应位置记为"0"。

(5)重复步骤(3),直到位移矩阵转变为状态矩阵。最后所得到的部分状态矩阵如表 9-19 所列。

表 9-19 操作动作状态矩阵

挡位	油门	离合	制动	左操纵杆	右操纵杆
0	0	0	0	0	0
0	0	0	0	1	0
...					
0	0	0	0	1	0
0	0	0	0	0	0
0	1	0	0	-1	0
0	1	0	0	0	0
0	0	0	0	0	0
1	0	0	0	0	0
...					

9.5.3 换挡过程数据处理示例

以一挡换二挡(短促加油)为例,识别步骤如下:

(1)从状态矩阵 P 中操纵件所对应的数据列(第 i 列)查找各"0"到"1"或"0"到"-1"的转换时刻,获取该时刻矩阵的行数 $j_1, j_2, \cdots$。

(2)从位移矩阵中查找对应 (i,j) 位置的位移数值,与事先标定的操纵件位移

第9章 驾驶动作模式识别

数据进行对比,识别出操纵件运动前后的两个状态。标记为类似 j_1 = 空挡、j_2 = 1 挡的识别结果。

(3)换挡总是伴随着离合器的运动,并且挡杆运动过程中,离合器将一直处于踩到底的"0"(静止状态),因此为了找到踩离合器的初始状态点,可以换挡起始时的 0-1 转换状态(i,j_1)点为起点,向前搜索离合器的"0-1"转换点。搜索到第一个转换点为离合器踩到底的时刻,还应继续向前搜索,找到离合器踩下过程所对应连续的"1"。当"1"第 2 次转换为"0"时,即为离合器踩下的起始时刻。

(4)换挡结束后,驾驶员要松开离合器,因此也要找到挡杆由"1-0"的时刻,离合器由踩到底的"0"到代表松开过程的"-1",再到松到底的"0"时刻。

(5)把识别出来的各传感器变化量按照时间顺序进行排序,得到最终的动作时间序列。

在不需要踩油门冲车的情况下,换挡动作就是由①离合器原始状态"0"→②离合器踩的过程"1"→③踩到底的状态"0"→④一倒挡杆原始状态"0"→⑤一倒挡挂挡状态"1"→⑥离合器踩到底的状态"0"→⑦一倒挡杆原始状"0"→⑧二三挡挂挡状态"1"→⑨离合器松的过程"-1"→⑩离合器松到原始状态"0" 10 个状态转换组成。这样就得到不需要踩油门冲车时一挡换二挡的动作时间序列为 CL→D1→CL→D0→D2→SL。

并且记录间隔时间,如踩离合后挂一挡时间间隔 η_1,踩油门冲车后踩离合时间间隔 η_2,踩离合后摘一挡的时间间隔 η_3,摘掉一挡后挂二挡时间间隔 η_4,整个一挡换二挡所需时间 τ_{1-2},如图 9-8 所示。

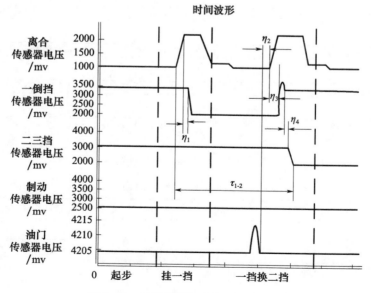

图 9-8 时间间隔与完成时间示意图

整个换挡组合动作的完成时间 τ_{1-2} 等于①→⑩状态转换的持续时间,即间隔的状态矩阵行数 n 乘以采样间隔时间 t_{int}。换挡过程中,如果需要油门和制动的配合,也可以按照上述方法寻找其 0-1 转换点,并把不同的动作转换点排成一定的时序,从而计算完整的换挡时间 τ_{1-2},完成驾驶动作的记录,然后运用模式识别方法进行驾驶动作序列识别。

9.5.4 连续换挡过程模糊识别

分别采集两种情况:一种是正确驾驶动作过程,另一种是带有错误的驾驶动作过程。而且这两种情况都是在多个操作模式类动作组合进行的。首先,进行一挡启车到逐次加至五挡,再减回一挡,最后停车这个过程。图 9-9 是某驾驶员按照上述流程进行的操作(不完整),采集得到的数据如表 9-20 所列。

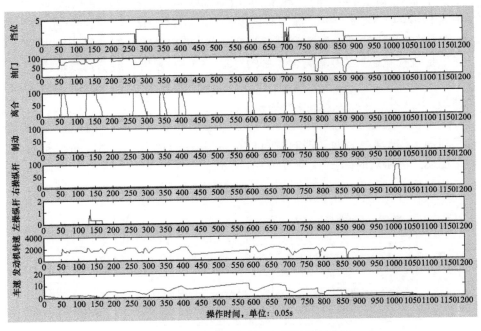

图 9-9 某次训练的待处理驾驶数据曲线

表 9-20 识别动作元素及间隔时间结果

动作元素	时间间隔	动作元素	时间间隔	动作元素	时间间隔
CY	0.5	CL	0.5	CY	1
SY	0.75	D5	1.25	SY	0.25
CL	0.25	SL	11.75	CZ	0.5

续表

动作元素	时间间隔	动作元素	时间间隔	动作元素	时间间隔
D1	1.5	CL	2.25	SZ	0.75
CY	0.5	SL	45	CL	1.25
SL	0.5	SY	0.5	D2	0.5
CY	1	CZ	0.25	SL	1.25
CY	0.75	SY	0.25	CY	0.75
CY	9	SZ	0.5	CY	1.25
SY	0.75	SY	0.5	CY	13.25
SY	2.5	SY	0.25	SY	0.25
CY	0.75	CL	0.5	CZ	0.75
SY	0.25	D4	1.25	SZ	1
CL	1	SL	0.25	CL	0.25
SY	0.5	CY	1.75	D1	0.75
D2	4	SY	0.75	SL	0.25
CY	1.5	CY	0.25	CY	0.75
SL	1	SY	1.75	CY	1.5
CY	10.5	CY	14	CY	1.25
SY	2.75	SY	3.5	CY	3.25
CY	3.5	SY	0.75	SY	17.75
CY	0.75	CZ	0.5	CY	8.5
CY	0.5	SZ	1	RCF	0.25
CY	7.5	CL	1.25	RC1	1.25
CL+SY	1.75	D3	1.25	RCF	2
D3	1	D0	0.5	RC2	0.25
D4	2	D3	1.5	RCF	0.25
SY	0.25	SL+CY	14.75	RC1	0.5
SL	14.25	CY	0.5	RCF	11.5

通过设计的识别器进行识别,根据最大隶属度原则,得到的结果如下:

识别动作序列依次就是:主离合器一挡启车→一挡换二挡(短促加油)→二挡换三挡(一脚离合)→三挡换四挡(一脚离合)→四挡换五挡(一脚离合)→五挡换四挡(一脚离合)→四挡换三挡(一脚离合)→三挡换二挡(一脚离合)→二挡换一挡(一脚离合)→制动右转向。

9.6 小结

本章运用模糊模式识别的方法,结合坦克基础驾驶动作的特征,运用动作状态矩阵分析的方法对采集到的数据进行识别,得到操作动作时间序列,在驾驶动作序列分割的基础上,分析了无限动作序列识别的方法。通过驾驶训练的数字化处理,可以为驾驶员驾驶技能综合评判打下理论基础。

通过教练车为各类操作件加装传感器、开发车载数字化训练信息采集系统和大数据离线考核评估系统、建立驾驶动作识别模型等措施,构建了一个从驾驶训练数据采集到驾驶行为模式识别,从驾驶技能自动评价到驾驶技能机器学习的坦克驾驶训练信息化智能化环境,为教练车智能化训练提供了技术基础。

第 10 章　教练车智能化运用

坦克基础驾驶训练包括基础驾驶动作、坡上驾驶动作、通过限制路和障碍物驾驶动作等练习课目,可依托模拟器、驾驶椅或实车进行,目的在于培养驾驶员的换挡、转向、制动、油门控制技能,熟练操控车辆,充分发挥车辆的快速机动性能。

10.1　坦克驾驶基础训练考评现状

当前我军坦克基础驾驶训练考核,一般在模拟器或驾驶椅上进行,重点考核驾驶动作的准确度和熟练度,标准如表 10 - 1 所列。其中,准确度反映为驾驶动作不能有错误,用错误次数评价。熟练度表示为动作顺序正确,各动作间能无缝衔接,用规定时间内的规定动作个数表示。

表 10 - 1　驾驶模拟器基础驾驶动作练习评定标准(节选)

序号	内容及要求	规定动作/个	规定时间/s	错误次数	评定
1	发动,一挡启车;制动转向,换二挡,换一挡,反复 10 次;停车,熄火	34	100	7 次以内	合格
…	…				

坦克基础驾驶训练考核,由于缺少信息化手段和对应的动作解析和评价系统,很难实现量化考评。多数都是通过教练员目视检查进行,由于参训人数多,学员动作快,考评员很难观察记录到参训人员的每一个动作细节,考核容易流于形式。

10.2 离线考评系统开发

为解决这一问题,在对坦克基础驾驶动作进行分层次解析、规范命名的基础上,构建了一个由驾驶动作信息采集系统(硬件)和驾驶动作考评系统(软件)组成的坦克驾驶基础训练数字化环境,安装于已定型的坦克驾驶教练车中,以坦克驾驶动作考评系统(软件)为载体,规划了坦克基础驾驶动作模板库,利用模式匹配技术实现了坦克驾驶基础训练动作的自动化考评,利用数据挖掘技术实现了坦克驾驶训练的智能化辅导,形成了机械化训练、数字化采集、自动化考评、智能化辅导的坦克驾驶训练新模式。围绕多台教练装备分布式训练的数据管理需求,开发了坦克驾驶训练大数据离线考核评估软件系统,包括数据管理、训练管理、动作词典配置、智能考评、数据挖掘等功能,功能框图如图10-1所示。

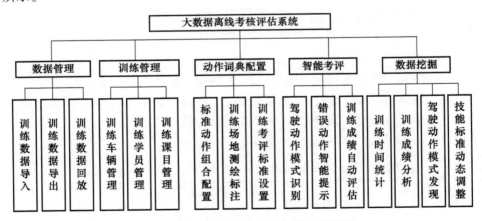

图10-1 大数据离线考核评估系统功能框图

离线考核评估系统可用于教练员在训练现场对每台装备的线下数据进行分析讲评和可视化显示,如对某训练课目中某学员各类驾驶动作的次数统计、对换挡时间统计等。同时,在存储海量训练数据前提下,为训练管理人员提供更高层次的训练时间统计、训练成绩分析、驾驶动作模式发现、技能标准动态调整等深度数据挖掘功能。大数据离线考核评估系统的引入,打破了坦克驾驶训练中教练员和学员一对一交流的限制,可把某学员训练数据分享给网络中所有训练人员,通过分析对比,实现驾驶技能标准在更大范围内的动态优化调整,为普遍提高驾驶训练水平提供了坚实的基础。

10.3　驾驶动作信息采集

本章所指的坦克基础驾驶动作，主要是指车辆驾驶过程中对油门、挡位、离合、制动、转向等操作件的操作动作。坦克驾驶教练车中，这些动作信息主要依靠对实车各操作件嵌入（角）位移传感器获取。所采集的动作数据按照一定的采样频率存储在车载终端中，并可通过各种数据读取软件回放。例如，当只考虑换挡动作、只选取变速杆、油门和离合三个操作件的动作信息时，可回放的各操作件位移变化曲线如图 10-2 所示，后文也称这些位移变化曲线为动作曲线。

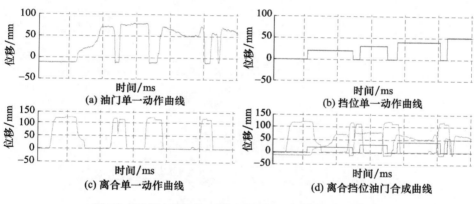

图 10-2　油门、挡位、离合的驾驶动作回放曲线（片段）

10.4　驾驶动作模式识别

坦克驾驶训练中，对基础驾驶动作的考核要求就是在规定的时间内完成规定次数的指定动作，且保证一定的动作正确率。具体动作识别流程如下：

（1）建立考核动作标准编码模板。前文已有示例。这里只考虑挡位和离合器的协同动作。

（2）采集驾驶员动作数据。只考虑挡位、离合、制动器和操纵杆数据，动作曲线如图 10-3 所示。

（3）完成单一动作模式识别。基于位移特征和速度特征，完成对挡位、离合、制动和操纵杆的单一动作模式识别，表示为各个操纵件的单一动作名称和动作时间，如图10-4所示。

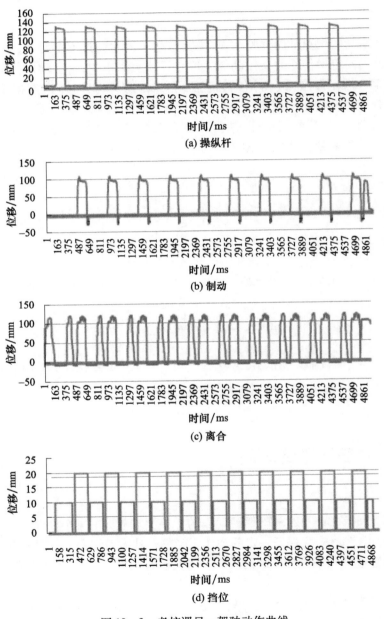

图10-3 考核课目—驾驶动作曲线

动作	值
TR3	175　647　1113　1579　2045　2511　2977　3443　3909　4372
TR2	185　651　1117　1583　2050　2518　2982　3450　3915　4380
TR4	320　786　1250　1718　2183　2650　3115　3580　4045　4514
TR0	325　791　1257　1723　2189　2655　3121　3587　4053　4519
B1	425　933　1399　1865　2331　2798　3263　3729　4195　4661　4856
B2	487　950　1413　1883　2348　2813　3279　3745　4209　4679　4871
B3	567　1024　1497　2001　2411　2931　3363　3820　4293　4744　4872
B4	622　1088　1554　2020　2486　2952　3418　3884　4350　4816　5001
C3	7　303　473　768　969　1248　1413　1708　1876　2179　2344　2646　2814　3110　3281　3576　3741　4067　4201　4533　4678　4835
C2	67　361　518　827　1001　1293　1450　1759　1916　2223　2382　2690　2848　3157　3314　3622　3780　4089　4246　4555　4710　4862
D0	74
D1	108
D1	335　799　1270　1733　2203　2678　3149　3607　4065　4523　4885
D0	368　834　1300　1766　2232　2698　3169　3627　4085　4543　4913
D0	370　845　1306　1779　2270　2703　3174　3632　4090　4548
D2	406　872　1338　1804　2271　2736　3207　3665　4123　4581
C4	91　420　604　845　1076　1345　1537　1818　2008　2284　2475　2750　2938　3216　3432　3682　3989　4148　4336　4614　4805　5001
C0	162　448　641　914　1107　1380　1573　1846　2039　2312　2505　2778　2971　3244　3437　3710　3903　4176　4369　4642　4835　5040
D2	577　1038　1508　2001　2453　2911　3380　3838　4310　4773
D0	606　1072　1538　2004　2470　2928　3386　3868　4335　4800
D0	630　1073　1562　2028　2471　2929　3387　3890　4356　4817
D1	631　1096　1563　2029　2494　2952　3426　3892　4359　4824

图 10-4　基础驾驶动作单一动作识别结果

（4）完成协同动作模板匹配。对照考试科目标准动作模板的要求，在单一动作识别结果中进行模板匹配，输出每组动作的时间和次数。结果如表10-2所列。

表 10-2　协同动作标准模板匹配结果

动作名称	动作编码	开始	结束	开始	结束	开始	结束	开始	结束	开始	结束
一挡启车	C3C2D0D1C4C0	7	162	—	—	—	—	—	—	—	—
制动转向	TR3TR2TR4TR0	175	325	647	791	1113	1257	1579	1723	2045	2189
…
二挡换一挡	C3C2D2D0D0D1C4C0	2814	2971	3281	3437	3741	3903	4201	4369	4678	4835
停车摘挡	B1B2C3C2D1D0C4C0B3B0	—	—	—	—	—	—	—	—	4836	5040

（5）完成正确动作次数统计。从匹配结果看，除开始的一挡启车和最后的停车摘挡动作只做了一次外，中间制动转向和一二挡互换各做了10次，累计完成32次动作，且动作顺序与设定的标准动作编码完全一致，即32个驾驶动作完全正确。

（6）完成时间统计。考核科目要求100s之内完成，本次所采集的驾驶员动作，按照25Hz采样，累计采样5040点，共需要201.6s，显然时间长度超出了规定时间。

（7）给出考评成绩。针对匹配结果和时间统计,可知该驾驶员在201s内完成了32次动作,如果忽略时间因素和发动、熄火两个动作,则该驾驶员训练成绩已经满足考核要求,考试成绩为合格。

10.5 驾驶动作智能指导

由驾驶动作信息采集系统(硬件)、驾驶动作考评系统(软件)组成的坦克驾驶基础训练数字化环境不仅可以实现驾驶动作基础训练的动作识别和自动考评,而且长期积累大量训练数据后,还可以通过数据挖掘方法,寻找驾驶员不同操作习惯(动作组合)和车辆性能发挥之间的对应关系,实现坦克驾驶基础训练智能化指导。下面以换挡规律数据挖掘为例进行说明。

10.5.1 换挡样本数据筛选

坦克驾驶基础训练中,掌握换挡时机是重要训练内容之一,也是衡量驾驶员驾驶技能的关键指标之一。换挡时机是指车辆行驶过程中相邻两个挡位之间具备换挡(升挡或降挡)可行性的时刻。双参数换挡规律中,一般以车速和油门开度为控制参数,来决定换挡时机。

在已有的海量驾驶训练数据中查找所有换挡时的车速和油门数据,以建立这些数据与挡位的对应关系。例如,查找到的二挡换三挡时,换挡前的油门开度和车速变化曲线如图10-5所示。可以看出,二挡换三挡时,踏板开度需踩到60%~70%,车速需要到12km/h以上才能换挡。对升挡前所有油门开度和车速数据进行筛选,得到部分样本如表10-3所列。

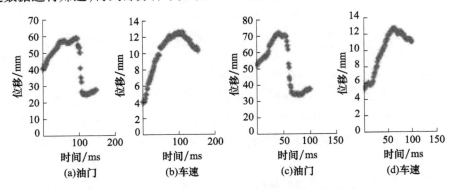

图10-5 二挡换三挡换挡前油门\车速曲线

表 10 – 3 升挡动作控制参数样本数据表

动作顺序	油门开度/%	车速/(km/h)	动作顺序	油门开度/%	车速/(km/h)
D1 – D2	45.47	4.847	D2 – D3	62.5323	12.6944
D1 – D2	52.71	5.078	D2 – D3	58.3282	10.6172
D1 – D2	45.478	4.73158	D2 – D3	58.2765	11.2635
D1 – D2	51.8863	4.77774	D2 – D3	53.7468	8.81689
D1 – D2	54.2119	4.43153	D2 – D3	64.2377	11.9559
D1 – D2	48.5788	4.06223	D3 – D4	72.09302	18.1571
D1 – D2	51.6796	4.38537	D3 – D4	62.7907	14.8872
D1 – D2	54.3152	2.74662	D3 – D4	65.1163	16.0643
D2 – D3	58.9147	12.4636			

10.5.2 升挡时机的机器学习

采用支持向量机(Support Vector Machine,SVM)技术来对表 10 – 3 中已知的换挡样本数据进行机器学习和样本训练,训练数据和测试数据随机选取,各取一半。得到的分类曲线如图 10 – 6 所示。从图中可以看出,对于按照协同动作筛和换挡品质筛选出的车速和油门数据,支持向量机方法能够较好分类换挡动作,几组换挡数据间几乎没有交叉。

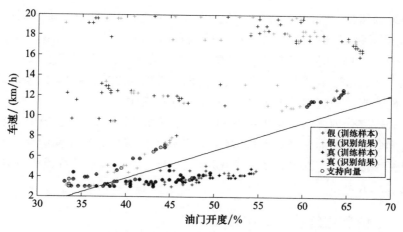

图 10 – 6 随机样本数据下的支持向量机分类结果(307 点)

10.5.3 升挡时机智能提示

运用上述分类结果,对一组换挡动作曲线中给出的样本数据按照车速和油门开度进行分类,符合换挡条件的,用 * 进行提示。不符合的,标识为 0。把提示点绘制到该样本数据离合挡位动作对应的曲线中,如图 10 – 7 所示。可以看出,该样本曲线共包括 12 次升挡动作,其中 10 次均得到正确的换挡提示。

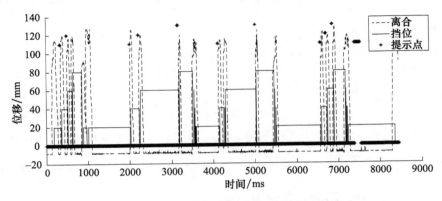

图 10 – 7　换挡提示点和驾驶员实际动作对应关系

10.6　驾驶训练新模式构建

传统的驾驶训练,实装驾驶均依赖主战装备进行,不具备训练数据的采集、记录、分析功能,导致教练员难以精准把握实际训练情况,训练效率不高。其主要不足包括:一是如何打破驾驶训练中驾驶室、教练室、各单车车组,甚至不同训练场地之间的有形障碍,实现更大范围内训练数据的可视化共享;二是教练车如何有效融入当前坦克驾驶训练体制,实现最佳费效比。

车载数字化训练信息采集系统和大数据离线考核评估系统的引入,构建了以坦克驾驶教练车为机械化操作载体、以车载信息采集系统和离线考核评估系统为分析手段的坦克驾驶训练信息化环境,创新了坦克驾驶训练模式,形成了代表性的训练成果。

10.6.1　信息化驾驶训练模式

教练车设计过程中,通过引入驾驶动作信息采集系统,把驾驶员动作(转向操纵杆、挡位、离合、制动、油门、车速、发动机转速等)曲线显示在教练员监控屏幕和第二教练地学员学习大屏幕上,实现了驾驶员舱内动作可视化,如图 10 – 8 所示。

(a) 驾驶室内　　　　(b) 教练室和车外教练地　　(c) 车外教练地
　　驾驶员操作　　　　　　可视化显示　　　　　　训练过程精准指导

图 10－8　教练车信息化指导训练模式

借助大数据离线考核评估系统，可以根据驾驶行为模式识别结果，对学员基础驾驶动作进行数据分割、准确识别，实时统计给定驾驶动作的正确率和完整数量；同时，可在给定驾驶训练场地中各限制路障碍物标注位置的前提下，通过分析坦克行驶轨迹，较为准确地判断坦克车体轮廓与限制路各标志杆或障碍物边缘的垂直距离，计算坦克通过障碍物限制路时碰杆压杆情况，给出对应的扣分项目，同时能够把错误动作、扣分项目以可视化方式在训练现场再现，如图 10－9 所示。

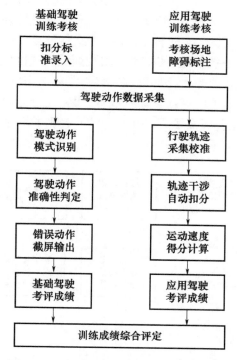

图 10－9　驾驶训练智能评估数据处理流程

车载数字化训练信息采集系统和大数据离线考核评估系统的引入，打破了坦克驾驶训练中驾驶室与教练室之间、各训练车组之间，甚至各训练基地之间的有形障碍,形成了一个以多台坦克驾驶教练车为底层数据采集节点、以大数据离线考核评估系统为连接网络的坦克驾驶训练信息化环境,为从单车到基地的各层次参训组训人员提供涵盖训练全过程的数据分析和可视化展现界面,打破了坦克驾驶训练中教练员和学员一对一交流的限制,满足了陆军多基地多装备分布式训练的数据管理要求,实现了驾驶技能标准在更大范围内的动态优化调整,实现了教练装备研制工作由"单一装备"向"信息化体系"的转型,推动了坦克驾驶训练由机械化向信息化转型。

10.6.2 梯次化代装训练体制

为充分发挥驾驶教练车训练效益,借鉴自主驾驶技术体系结构,把驾驶分解为信息感知、规划决策、驾驶动作三类技能。结合教练车列装后形成的模拟器、教练车、主战装备训练体制,建立了与各类训练装备对应的驾驶训练课目及评价标准。以坦克三级驾驶员培训为例,模拟器重点完成驾驶动作基本操作训练,训练时长为2h;教练车主要完成信息感知和规划决策等驾驶技能训练,训练时长为14h;主战装备用于实装演习等重难险科目,完成信息感知和规划决策等技能向主战装备的适应性训练和实战转化,训练时长为3h。三种训练装备训练内容各有重点、梯次配置,系统使用,使得坦克驾驶训练模式由以前完全依赖主战坦克转变为三类训练装备的梯次化配置、系统运用,如图10-10所示。新的坦克驾驶训练模式不仅降低了坦克驾驶训练成本,而且配合舱内操作可视化纠错和训练标准动态调整,显著提高了驾驶训练效益,实现了坦克驾驶训练的最佳费效比。

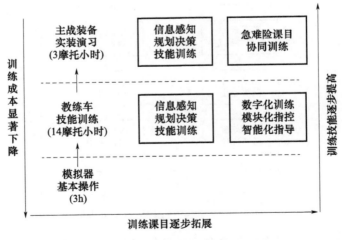

图 10-10 坦克驾驶梯次化训练体制

10.7 驾驶训练改革启示

针对坦克驾驶基础训练难以量化考评的问题，本章构建了一套机械化训练、数字化采集、自动化考评、智能化辅导的坦克驾驶训练新模式。此模式施行和推广过程中有以下几个关键环节需要把握。

一要构建能够采集装备基础训练底层数据的数字化环境。现代装备都具有"黑匣子"功能，能够记录存储装备底层的操作训练数据，已经具备开展数字化训练考评的基础条件，但这些数据的价值和意义尚未充分发掘。

二要有量化的装备基础训练质量考评标准。目前，各装备基础训练课目，操作训练占了很大比例，几乎都有量化考评标准。该标准中不仅细化分解了基础训练课目的考评内容，为基础训练课目的分层次解析和数字化识别模型的建立提供了指引；而且提出了诸如准确度和熟练度之类的评价指标，把成熟的训练经验、高超的操作技能转变为可量化的技能标准，为后续大数据环境下不断优化训练水平、提高训练标准提供了可行路径。

三要构建起装备基础训练课目的数字化表示体系，即建立起所采集的底层数据和训练课目（考核内容）之间的映射关系或自动化识别模型。本章分层次建立了坦克各操作件位移数据和基础驾驶训练课目之间的映射关系，这是装备基础训练实现数字化考评的关键，也是制约当前基础训练信息化水平提升的难点问题。建立多层次的训练课目识别模型，既需要装备操作和训练管理知识，也需要一定的数据挖掘和人工智能基础，对专业人员的要求较高。

四要基于海量训练数据规划智能化训练的发展蓝图。信息化智能化时代，数据就是价值，信息就是战斗力。海量训练数据的积累，让我们可以突破单人、单装、单位的限制，突破师傅带徒弟的传统训练模式，从大数据视角下，从全军范围内来审视评价各课目、各单位的训练水平，全面推进坦克驾驶训练由机械化向信息化和智能化转型。

参考文献

[1] 罗剑. 装甲车辆驾驶技能评判研究[D]. 北京:装甲兵工程学院,2011.

[2] 李晓东. 坦克分队训练评估系统的研究与实现[D]. 长沙:国防科技大学,2007:8-14.

[3] 谢薇. 外军坦克模拟训练装备纵览[J]. 现代军事,2005(12):24-27.

[4] 李补莲. 美陆军用虚拟训练的办法锻炼士兵的战斗技能[J]. 电脑开发与应用,2003,16(11):27-29.

[5] 刘义乐,毕占东,刘峻岩. 基于操纵件位移数据的车辆换挡动作识别方法[J]. 北京:装甲兵工程学院院报,2011,25(1):45-48.

[6] 钟友武,柳嘉润,申功璋. 自主近距空战中敌机的战术动作识别方法[J]. 北京航空航天大学学报,2007,33(9):1056-1059.

[7] 杨昌明,武钦彩,伊洪冰. 汽车驾驶模拟训练模糊识别方法应用研究[J]. 军事交通学院学报,2009,11(5):22-25,55.

[8] 叶义成,柯丽华,黄德育. 系统综合评价技术及其应用[M]. 北京:冶金工业出版社,2006.

[9] 孙伟. 装甲车辆构造[M]. 北京:兵器工业出版社,2006.

[10] 张建国. 基于神经网络的AMT换挡品质评价方法研究[D]. 长春:吉林大学,2007:11-28.

[11] 石志涛. 装甲车辆基础驾驶动作识别与技能评价研究[D]. 北京:装甲兵工程学院,2012.

[12] 张凤,李永娟,蒋丽. 驾驶行为理论模型研究概述[J]. 中国安全科学学报,2010,20(2):23-28.

[13] 马艳丽. 驾驶员驾驶特性与道路交通安全对策研究[D]. 长春:吉林大学,2007:16-27.

[14] 张占军,潘武朝,吴耀武,等. 车辆驾驶模拟器训练成绩考评软件[J]. 系统仿真学报,1995(增刊):29-35.

[15] 王洪彦,岳英杰. 装甲车辆驾驶训练法教程[M]. 北京:国防工业出版社,2007.

[16] 曹辉,吴超仲,严新平. 多传感器信息融合技术及其在驾驶模拟器中的应用[J]. 交通与计算机,2004,22(4):48-50.

[17] 胡斌,王生进,丁晓青. 基于云模型的驾驶员驾驶状态评估方法[J]. 清华大学学报(自然科学版),2009,49(10):1614-1618.

[18] 初秀民,严新平,吴超仲,等. 汽车驾驶操作信息数据库与采集系统设计[J]. 中国安全科学学报,2005,15(1):29-33.

[19] 张驰,杨少伟,潘兵宏,等. 交通仿真中驾驶人空间视野感知模型[J]. 交通运输工程学报,2010,10(4):115-120.

[20] 鲁植雄. 汽车运用工程[M]. 南京:东南大学出版社,2008.
[21] 马艳丽,裴玉龙. 基于实验心理学的驾驶员驾驶特性及其综合评价[J]. 哈尔滨工业大学学报,2008,40(12):2003-2006.
[22] 王哲强,李旭升. 汽车驾驶模拟器对驾驶技能形成分析研究[J]. 消费导刊,2009(3):220.
[23] 刘大健,郑家龙,钱照明,等. 基于可能性的仿真模拟操作过程模式识别[J]. 浙江大学学报(工学版),2002,7,36(4):437-440.